JN117020

20代社員４割！ 売上続伸！

人が集まる自動車学校のすごいカイゼン

藤井興発株式会社
高石自動車スクール
代表取締役社長
藤井康弘

あさ出版

はじめに

高石自動車スクールは、大阪府の南部、高石市にある、普通車、準中型車、中型車、大型車、牽引車、大型特殊車の免許が取得できる自動車教習所です。

高度経済成長期の1960年、繊維関連の事業をしていた私の祖父、藤井恒一が、「みんなが自動車を運転できるようになること。また、安全運転ができる運転者の育成を最大の目的とすることで、交通事故をなくすこと」を掲げ設立しました。

その後、私の父、藤井兼六の代を経て、私は3代目の社長です。就任したのは2002年2月のことです。

少子化や若者の免許・車離れが進む中、自動車教習所のお客様数は減少の一途をたどっています。財団法人交通事故総合分析センター『交通事故統計年報』によれば、

１９９０年の自動車教習所の卒業生を１００とすると、２０１７年は59。つまり、卒業生の数は約4割減となっています。

お客様数が減少すれば、当然、自動車教習所の経営も苦しくなります。実際、自動車教習所の数は、卒業生数の減少ほど激しくはありませんが、年々、減っています。

当校も、そうした時代の流れに抗えず、私が社長に就任後、一時期、お客様数が減少し、それに合わせるかのように指導員も減っていき、経営的にとても厳しい時期がありました。

ところが、２０１０年以降、そうした状況に変化が起こります。**お客様数も売上も増えていくようになった**のです。

この10年間で教習生は１０００人以上増加。２００９年頃は２０００人規模の学校だったのが、現在は**３０００人規模に拡大**しています。売上についても、この10年間で**45％のアップ**です。

自動車教習所の業界が全体的に右肩下がりの時代にある中、ありがたいことに、当

高石自動車スクールお客様数・指導員数推移

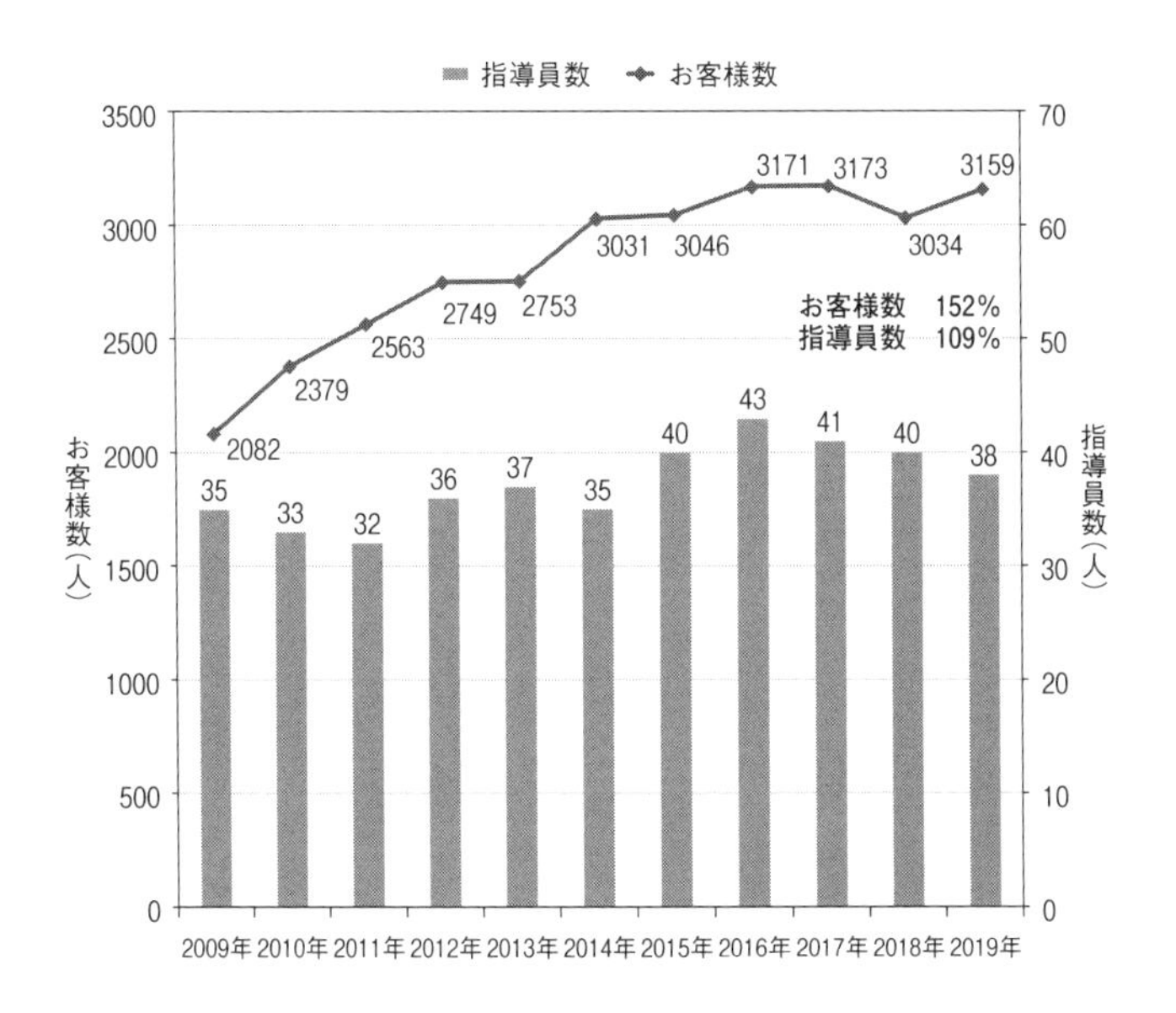

売上は 10 年間で 45%アップ！

校は右肩上がりの成長を続けているのです。

アップしているのは売上だけではありません。社員の高齢化が進む自動車教習所の業界において、なんと当校の**社員の4割は20歳代**です。社員の平均年齢が50歳とか55歳といった学校がざらにある中、2020年現在、社員の平均年齢はなんと**35歳**。これだけ若い社員が多い自動車教習所は、全国的に見ても珍しいと言えます。

このように、当校は、経営的に厳しい時期から一転、売上にしても、人材採用にしても、V字回復を遂げることができたわけですが、それを可能したものは何だったのでしょうか。

それは、人が集まる「商品」をつくり、人が集まり、定着する「組織」をつくっていったことだと私は考えています。

人が集まる「商品」とは、**「プレミアム・ハイスピード」**のこと。これは、オートマ車（以下、AT車）なら最短で15日、マニュアル車（MT車）なら最短18日で免許が取得できる商品です。

人が集まり、定着する「組織」をつくるために導入したのは、株式会社武蔵野の社長である小山昇氏から伝授された**「経営計画書」**と**「環境整備」**ならびに**「経営計画発表会」**です。

こうした**「カイゼン」**を地道にコツコツと続けてきた結果、これらが互いにいい具合に相互作用し、当校にとっていい流れをつくり出していったと言えます。

とはいえ、商品づくりにしても、組織づくりにしても、トントン拍子でうまくいったわけではありません。

プレミアム・ハイスピードという商品を実際に運用するのも、環境整備に取り組むのも、経営計画書に書かれたことを実践するのも、結局のところ「人」です。

そして、「人」はそもそも「変化」が嫌いです。本能的に変化を避けようとします。

そのため、組織において「カイゼン」に取り組み始め、それを浸透させ、定着させていくのは、至難の業です。社員たちからさまざまな抵抗に遭うからです。

多分に漏れず、当校でもそうでした。カイゼンの取り組みを進めていく中、社員たちから不満をぶつけられることはしょっちゅうでした。社員たちのノロノロとした亀のような歩みにイライラしたり、焦ったりすることもありました。

それでも「生き残るためには、変化し続けなければいけない」という思いで、どんなに抵抗に遭おうと、決してやめませんでした。

同じことを言い続け、やり続け、粘り続ける。

この10年、当校が取り組んできた「カイゼン」を振り返ると、その繰り返しでした。そして、そのことが、人が集まる、つまり、社員が集まり、定着し、さらにはお客様も集まる学校へと成長していくことにつながっていったのです。

さらに社長と幹部と社員が同じことを繰り返し勉強することで同じ価値観に変わる。そのためにどこよりも社員教育に時間とお金をかけて育成してきたつもりです。

本書では、当校が「商品」づくりや「組織」づくりにどう取り組んでいったのかを、具体的に解説していきます。

自動車教習所の業界に「斜陽業種」というイメージを持っている人は少なくないでしょう。しかし、そうした右肩下がりの業種においても、売上を伸ばしていくことは決して不可能ではありません。

また、少子高齢化社会が進む中、人材不足、とりわけ若い人材の確保・定着に苦心している会社も多くいると思います。ですが、やり方次第で、自動車教習所のような若い人からほとんど注目されないような業種でも、若い人を確保・定着させることは可能です。

こうしたことに悩む企業経営者の方々に、本書が少しでも参考になれば幸いです。

藤井興発株式会社　高石自動車スクール
代表取締役社長　藤井康弘

第1章　人が集まるすごいサービス

第2章　人が集まるすごい経営計画書

第3章　人が集まるすごいカイゼン

第4章 人が集まる社員教育

第5章 人が集まるコミュニケーション

編集協力　前嶋裕紀子
撮　影　黒田晃弘

第1章

人が集まる
すごいサービス

V字回復の起爆剤となった「プレミアム・ハイスピード」という商品

●10年間で売上が45%アップ

少子化や若者の車離れ・免許離れなどを背景に、いまや自動車教習所の業界は右肩下がりの時代を迎えています。

ピーク時の1990年には、四輪車と二輪車を合わせた卒業生は約263万人でした。この時期はまさに自動車教習所の絶頂期。

その当時から在籍している当校のベテラン社員に教えてもらったのですが、この頃、繁忙期の2～3月ともなると、毎日、たくさんのお客様が入学し、その際に頂戴する教習料等でレジがパンパンになり、とじることができない……なんてこともあったそうです。まさに、自動車学校の絶頂期を象徴するようなエピソードです。

ところが、その後、じわじわと減少が続き、2019年には卒業生の数は約154万人に減りました（財団法人交通事故総合分析センター『交通事故統計年報』による）。なんと1990年のピーク時から4割強の減少です。

こうした中にあって、私が社長を務める高石自動車スクールは、**2010年以降、お客様数が基本的には右肩上がりに増加しています**。2009年には2082人だった卒業生が2019年には3159人。

それにともない、**売上も増加しています**。2009年には5億4000万円だったのが、2019年は7億3400万円。**10年間で45%アップです**。

業界全体でお客様数が減少傾向にあり、自動車教習所の中には、業績が低迷し廃業を余儀なくされるところも少しずつ増えてきています。指定自動車教習所の数は、

２０１０年には１３７７校あったのが、２０１９年には１３１４校と63校の減少です（警察庁『運転免許統計 令和元年版』）。

なぜ高石自動車スクールは、お客様数も売上も増やし続け、右肩上がりに成長をしていけているのでしょうか。

その大きな要因となったのが、**「プレミアム・ハイスピード」**という商品です。

２０１０年1月にこの商品の販売をスタート。すると、前年の同月と比較して、1月には37人、2月には67人、3月には39人もお客様が増えました。合計すると前年の1〜3月の合計よりも１４３人の増加です。

この「１４３人」というデータを見ても、多くの人はあまり驚かないかもしれませんが、じつは自動車教習所の業界では、これはすごい数字です。

そもそも自動車教習所全体の傾向として、毎年、お客様数が減っているのが現状です。そうした時代にあって、「増える」こと自体がまず「すごいこと」です。しかも、安売りをしたわけではなく、これまでと同じ価格で１４３人も増えたのです。まさに「奇跡的な数字」と言えるのです。

V字回復の起爆剤「プレミアム・ハイスピード」

大阪府公安委員会指定
高石自動車スクール
普通MT・普通AT・中型自動車・中型自動車限定解除・大型自動車・特殊自動車・大型特殊自動車・けん引免許
駅近徒歩3分!
阪神高速から5分!
0120-08-2811
資料請求

運転免許 料金表 ／ オプション・コース ／ スクールのご案内 ／ お得なサービス ／ 在校生の方

普通自動車 「ハイスピード」コース

スケジュールどおりに通うだけの最短コース！

自宅からラクラク通えて、合宿免許並のハイスピードオプションコース!
時間が無い、今すぐ取りたいあなたには「PREMIUMハイスピード」がオススメ!
オプション料金 税込55,000円

お客様のご都合によってはご希望に添えない場合がございます

AT免許 卒業までにかかる料金の内訳や所持免許別の料金はこちらから

MT免許 卒業までにかかる料金の内訳や所持免許別の料金はこちらから

普通免許　教習料金

■所持免許のない方(原付所持含む)の料金		■所持免許のない方(原付所持含む)の料金	
AT免許	税抜252,950円 (税込277,960円)	MT免許	税抜266,450円 (税込292,810円)

学生証を持参ください

■途中退学の場合入学金は返金致しません。但し、未教習の料金のみ返金いたします。 ■高速教習は実車で行います。
■ポイント送迎バスは無料です。(お客様指定の目標ポイント施設に直接の送迎をします。)

ご注意ください
プレミアムハイスピードはお申込順に最短スケジュールを組みますので
お申込が早いほど連続したスケジュールを組む事ができます。
順次スケジュール枠が埋まり、お申込日によっては
早期卒業のスケジュールが組めなくなる可能性があります。
早期卒業をお考えの方はお早めにお申し込みください。

ハイスピードコースの最新受付状況は
お電話またはLINEで必ずスクールにご確認ください

フリーダイヤル：0120-08-2811　LINEは右のQRコードから

そして、同じ価格のまま、お客様数が増えたのですから、当然、売上もアップし、なんと前年２００９年から一気に６０００万円強の売上アップとなりました。

こうした数字からも、この「プレミアム・ハイスピード」という商品がどれだけ強力だったのかをご理解していただけるのではないでしょうか。

●「プレミアム・ハイスピード」を実現させた3つのカイゼン

では、「プレミアム・ハイスピード」とはどのような商品なのでしょうか。

これは、**ＡＴ車であれば最短15日、ＭＴ車であれば最短18日で免許が取得できる**という商品です。「早く免許を取得したい」というお客様たちのニーズに応えるために、導入を決めました。

しかも、スタートしたのは、自動車教習所にとって繁忙期の幕開けである1月です。続く2・3月は1年でもっともお客様数が多くなる時期で、自動車教習所の1年間の売上の大半はこの時期が占めています。実際、繁忙期のピークである2月は、それ以外の月よりも、売上、お客様数ともに3倍くらいになります。しかも、高石自動車スクールには普通車以外のお客様もいらっしゃいます。

こうした超過密状態の時期に「最短15（18）日で免許が取れます」を売り文句にした商品を投入するのは、かなり無謀です。なにせ、この時期は、お客様数が多いため予約が取りづらく、平気で「2カ月の予約待ち」といったことも起こりえるからです。ただ、予約がなかなか取れないこの時期だからこそ、「プレミアム・ハイスピード」という商品が他を凌駕するくらいの強力なパワーを持ちえます。「3月いっぱいで免許をなんとしても取得したい」というお客様にとっては、喉から手が出るほどほしい商品になるはずです。

私たちの狙いはここにありました。

「繁忙期だから、予約が取れなくて当たり前」という前提で開き直るのではなく、「繁忙期でも予約が取れて、早く免許が取得できる」という商品を実現し、よりたくさんのお客様を取り込んでいこうと考えたのです。

ただ、先述した通り、「2カ月の予約待ち」が起きてもおかしくない時期です。その中で「プレミアム・ハイスピード」という商品を成立させるためには、卒業に必要な予約を確実に取っていく必要があり、それは決して簡単なことではありません。

そこで高石自動車スクールでは、「プレミアム・ハイスピード」という商品を成立させるべく**「カイゼン」**に取り組みました。それは、大きく次の3つのカイゼンです。

①予約の仕組みのカイゼン
②お客様対応のカイゼン
③教習内容のカイゼン

これらのカイゼンに取り組んだ結果、より多くのお客様に「プレミアム・ハイスピード」という商品の提供を実現。その結果、お客様たちは、超短期での免許取得を実現することができるようになったのです。

そして、そうした卒業生の皆様が、**「高石なら、早く免許が取れる」**と口コミで広げてくださり、ますますお客様の数が増えていく……という状況がつくられていったのです。

次項以降、この3つの「カイゼン」について、具体的に解説していきます。

【カイゼン① 予約の仕組み】

なぜ高石では、繁忙期でも予約が確実に取れるのか

●学校主導で予約を取る仕組みの導入

この項目では、「予約の仕組みのカイゼン」を見ていきます。

「プレミアム・ハイスピード」の導入に当たり、**お客様が確実に予約を取れるための仕組み**を考えました。それは、**学校主導で予約を取っていく方法**です。入校時にお客様に日程の都合を伺い、それに合わせて、学校サイドで予約を取って卒業までの教習時間割表を作成。お客様は、ご自分でキャンセルをしない限り、基本的にはそれに沿って教習を受けていただきます。

現在、自動車教習所の予約システムでは、お客様が携帯電話やスマートフォンを使って自分で取るという形がスタンダードです。当校でも「プレミアム・ハイスピード」導入以前は、この方法を採用していました。

ただ、この方法は、お客様が自分でスケジュールを管理できるため、お客様にとって使い勝手がいい半面、早期の免許取得を妨げる要因の1つでもあります。

その理由の1つが、自分で予約を取るため、繁忙期の場合、思うように予約が取れないことです。予約が取れなくては、免許取得に必要な教習をスムーズに消化していけません。

また、携帯やスマホ等で簡単に予約を取れるということは、裏を返せば、キャンセルも簡単にできるということでもあります。そもそも、自動車教習所なんて、よほどの車好きでもなければ、好き好んで通いたい場所ではないと思います。そのため、キャンセルがしやすい状態だと、「天気が悪い」「なんとなくだるい」などちょっとした理由でお客様は「まあいいや」とキャンセルしがちです。

しかし、これが結果的に、無駄に長く自動車教習所に在籍する原因になってしまいます。しかも、繁忙期であれば、キャンセルすると次の予約が取りづらく、一度の安易なキャンセルがその後のスケジュールの大幅なズレにつながりかねないのです。また、キャンセルばかりしていたら運転もなかなかうまくなりませんから、これまたなかなか免許が取れない原因になります。

そして、こうしたことが「プレミアム・ハイスピード」のコースを選んだお客様に生じてしまえば、もはや「ハイスピード」ではなくなってしまいます。

「ハイスピード」を名実ともに「ハイスピード」とするためには、お客様に100％スケジュール管理を任せてしまってはいけないのです。

そこで、「プレミアム・ハイスピード」の場合は、学校側が主導権を持ってお客様の卒業までのスケジュールを組み、それが達成できるようにサポートしていくという仕組みを採用しました。

これによって、「プレミアム・ハイスピード」を選択したお客様たちは格段に予約が取りやすくなりました。

その結果、2010年の繁忙期では**「予約が取れない」というクレームがほぼ解消**。じつは自動車教習所へのクレームのダントツ1位は「予約が取れない」です。当時の大谷哲司校長（現顧問）は、そのクレーム対応のストレスで、毎年、繁忙期になると体重が10キロ近く減っていたくらいです。ところが、「予約が取れない」というクレームがほぼ解消したことで、2010年以降、大谷校長の体重は減らなくなったそうです。

●複数率アップで、スケジュールの無駄を省く

学校側が確実に予約を取っていくといっても、指導員や車両の数は限られていますから、確保できる教習数にも限度があります。となると、お客様不在の「空き」を減らして、無駄なくスケジュールを組んでいく必要があります。

実際、お客様のドタキャンや、3人や5人など複数での実施可能な教習（複数教習や無線教習など）で最大人数まで埋められないことなどにより、繁忙期であっても意

外と「空き」時間が出たりします（それゆえに、多くの自動車教習所では、ロビーにキャンセル待ちのお客様があふれているわけです）。

当校でも、２００９年の12月の「空き」は４１７時間もありました。

そこで、こうした「空き」を減らすためのカイゼンにも取り組みました。

１つが、キャンセルをしづらくするための工夫です（これについては後述します）。

もう1つが、**複数人で実施可能な教習を最大人数まで埋める取り組み**です。

自動車教習所での技能教習は、基本的に指導員と教習生が1対1で行いますが、指導員1人に対してお客様３人や5人で行える教習もあります。具体的には、模擬教習（最大5人）や複数教習（最大3人）、無線教習（最大３人）などです。

それぞれ実施できる回数は決まっているのですが、当校ではこれらの教習をそれぞれのお客様のスケジュールにおいて、実施可能回数のマックスまで入れるようにしました。そうすることで各教習とも最大人数が埋まり、より無駄のないスケジュールを組めるようにしたのです。

複数人で実施できる教習が、どの程度、最大人数を確保できているかを示す数字を、「複数率」と呼びますが、導入後はどの教習でも複数率がアップしました。**模擬教習で62％→97％、複数教習で61％→96％、無線教習で73％→92％のアップ**。つまり、全教習で9割以上、最大人数を確保して実施できるようになったわけです。

こうした取り組みによって、お客様不在の「空き」時間は、2010年3月は141時間となり、2009年12月からたったの**4カ月で300時間近く「空き」を減らすことができました**。

その結果、全体として効率的にスケジュールが組めるようになり、スタート当初は、確実な実施のために販売数を制限していた「プレミアム・ハイスピード」を、より多くのお客様に提供できるようになりました。

●副管理者の不要な事務業務を廃止し、稼働できる指導員を増やす

自動車教習所には、小学校や中学校でいったら校長的な立場の「管理者」のほか、教頭的な立場の「副管理者」を置くことが法律で決まっています。

ハイスピードを導入する以前、たとえ繁忙期であってもこうした副管理者たちは、指導員としての資格は持っているものの教習業務をせず、既得権とばかりに事務所内で事務業務に当たたっていました。

といっても、彼らがどうしてもしなければいけない事務業務があるわけではありません。そのため、以前から、彼らが繁忙期に教習業務に当たらないのは大きな損失だと私は感じていました。たとえるなら、かき氷屋さんが、かき入れどきの真夏の週末、海の家でかき氷を売らずに、砂浜で休んでいるようなものです。非常にもったいないですよね。

そこで、「プレミアム・ハイスピード」導入後、思い切って副管理者の不要な事務

業務を廃止することにしました。そうやって彼らに再び教習の現場に出てもらうことで、新しい人を採用することなく、提供できる教習数を増やすことができました。これにより、さらに予約の取りやすい状況を確保することができたのです。

また、副管理者は教習レベルの高い人が多く、現場を見てアドバイスをしてもらって、教習レベルの向上や指導統一にもつながりました。

【カイゼン② お客様対応】

「キャンセルがしにくい」仕組みで、短期の免許取得をバックアップ

●「10分前のキャンセルOK」のサービスを廃止

新しく導入した仕組みによっていくら予約が取りやすくなっても、お客様が自分でキャンセルをしてしまうと、そこで最初に組んだ卒業までのスケジュールが崩れてしまいます。しかも、繁忙期の場合、代わりの予約を取り直すのも簡単ではありません。

そうなると、短期での免許取得は厳しくなります。これではお客様にとって、「プレミアム・ハイスピード」を選んだ意味がありません。

こうした事態にお客様が陥らないようにするためには、**「キャンセルをしにくくす**

る」仕組みを、学校側で整えていく必要があります。

そのための仕組みの1つが、学校が予約を取る方法です。お客様が自分で予約&キャンセルができる仕組みよりも、この方法のほうがキャンセルに一手間いるため、ある程度、キャンセル防止の効果が期待できます。

また、それまでは、お客様にとって「よかれ」と思って提供していた「教習の10分前までであれば、キャンセル料は不要」というサービスも、廃止することにしました。なぜなら、これがキャンセルを増やす要因になっていることがわかったからです。

たとえば、雨の日などは、ものすごい量のキャンセルの電話が入ります。

すでに述べたように自動車教習所という場所は、ほとんどのお客様にとって「行きたくない場所」です。雨なんか降ろうものなら、ますますその気持ちが強くなります。そんなときに「教習10分前なら、キャンセル料は不要」と言われたら、「キャンセルしてしまえ！」となるのが、人間の本能だと思います。

しかし、そうした安易なキャンセルは、その後のスケジュールに影響します。学校としても、10分前のキャンセルが集中すると、入替え等の作業が追い付かず、結局、お客様不在の「空き」の教習が増えてしまいます。

つまり、お客様にとっても学校にとっても、10分前のドタキャンOKは、大きなマイナスの結果を生じさせていたのです。

そのことに気がつき、お客様に評判のいいサービスではありましたが、あえて廃止とさせていただくことにしました（ただし、繁忙期に急に「ダメです！」としてしまうと、お客様に迷惑をかけてしまうと考え、廃止は「プレミアム・ハイスピード」の導入と同時ではなく、繁忙期の落ち着いた2010年4月からとしました）。

●「お客様係」サービスで、入学から卒業までをケア

もともとはそうした意図で設けたものではないものの、間接的にお客様の不要なキャンセルをなくすための仕組みとして機能しているものに、**「お客様係」**があります。

これは、1人のお客様につき、指導員1人が「担当」となって、入学から卒業まで

をケアする、というサービスです。「プレミアム・ハイスピード」を導入してすぐの2010年2月にスタートしました。

このサービスを始めたきっかけは、別の自動車教習所で実施したところ、お客様、というよりその親御さんからの評価がすこぶるよく、親御さんからのクレームが激減したという話を聞いたからです。

自動車教習所のお客様のメイン（とくに普通自動車の場合）は、卒業間近の高校生、大学生、専門学校生などの学生さんです。そのため、教習料金は親御さんが出されているケースが多く、そうした親御さんからのクレームも意外に多かったりします。また、「うちの子はきちんと通っていますか?」とか、一昔前の「厳しい教習所の指導員」のイメージが強いのか、「怖い指導員がいて、意地悪されたり……ということはないですか?」といった、自動車学校に対する不安の声を学校に寄せられることもしばしばあります。

そうした親御さんの不安解消効果が期待できると「お客様係」を当校でも採用する

ことにしたのです。担当の指導員から1本の電話があれば、それだけで親御さんと自動車教習所との距離が近くなり、親御さんの不安もかなり払拭できるのではと考えたからです。

そして、もちろん、実際に教習を受けるお客様にとっても、入学から卒業まで1人の担当指導員がついてくれれば、疑問や不安などを気軽に尋ねることができ、安心して教習所に通学できるはずです。

実際にお客様係が何をするのかというと、主な仕事は次の通りです。

①お客様のスケジュールの確認・長欠の際の来校促進
②入学時・仮免取得時・卒業時に、「ありおめコール」を行う（電話）
③入学時・仮免取得時・卒業時、長欠時に、ハガキをお出しする
④お客様が卒業時に、「ありおめレポート」を社長宛に提出する

お客様係がお客様に送るハガキ

教習を受けられる時は、
必ず**仮免許証**を忘れずにお願いします!

光明池試験場受験の際は、『サクセス』の利用をお勧めします

高石自動車スクール　〒592-0014 高石市綾園7丁目5番47号
TEL.072-263-1111(代表)

「ありおめコール」とは、「ありがとう・おめでとう」の略で、要するに、ご自宅にご連絡をして、たとえば、入学時であれば、「入学、おめでとうございます。ご担当させていただく○◇です」とご家族の方にご挨拶をさせていただくわけです。

このありおめコールを行うために、全インストラクターに、携帯電話とｉＰａｄを支給しました。ｉＰａｄ、携帯ともに持ち帰り自由。多くの社員は家でゲームや動画などを楽しんでいるそうです。

また、担当者が、教習の担当を必ずしもするわけではないのですが、お客様が来校した際には、できるだけ接触をとることにしてもらっています。たとえば、教習と教習の間の10分のインターバルの時間などです。

こうしたコミュニケーションを通じて、お客様に教習所に対してより親近感を持ってもらいやすくなります。また、卒業までつねに自分に目を向けてくれている人が校内に存在しているということが、間接的ではありますがキャンセル防止につながっているようです。

社長に提出される「ありおめレポート」ですが、毎日、それなりの数の報告が届くので、目を通すのはかなり大変な作業です。正直、これまで何百回も「やめたい」と思ったのですが、そうもいきません。

今は、朝5時頃に起きて、最初にする仕事はこれらの報告のチェックです。こんな具合に毎朝の習慣にすることで、かれこれ8年くらい何とか続けられています。

【カイゼン③　教習内容】
短期での免許取得を可能にする教習づくり

●無線教習は本当に効果がないのか？

短期で免許を取得するには、運転技術も短期で向上していく必要があります。「プレミアム・ハイスピード」という商品を、責任を持って売っていく以上、当校としても、「運転技術を短期で向上させる」という視点で毎日の教習を提供していくことが求められます。

じつは、こうした教習内容に関するカイゼンは、ハイスピード導入以前から、当校では取り組んできました。その1つが、**「無線教習」**の積極的な活用です。

無線教習とは、通常の指導員が同乗する形での教習とは異なり、教習車に乗るのはお客様ひとりです。指導員は別室（無線室）から無線でアドバイスをし（1回の教習で最大3人まで指導可能）、お客様はそれを聞きながら、自分だけで教習コース内を走行します。

この無線教習は、技能教習の第1段階において最大で3回まで実施できるのですが、無線教習をやりたがらない自動車教習所は少なくありません。理由は、「あまり効果がない」と考える指導員が多いからです。

しかし、当校の考え方は逆です。無線教習はやり方次第では、運転技術の向上に非常に効果があるのです。

そもそも「効果がない」と考えるのは、「検定コースを、ゆっくり走らせる」というやり方を取っているからです。たしかに、このやり方では効果はほとんどないでしょう。

検定コースはそもそも難易度が高いですから、お客様にとってはかなりの負担です。

そこを1人で走ってもらうとなると、運転に対する苦手意識がますます高まっていきかねません。

そして、そうした難しいコースを1人で走るとなると、それなりにリスクを伴います。そこで指導員は「ゆっくり走らせる」という選択をするのですが、ゆっくり走れば、それだけ1回の走行距離も短くなります。自動車は自転車と同じで、初心者のうちは、たくさん走れば、それだけ運転技術も伸びていきます。その意味で、1回の教習でできるだけ長く走ってもらうのが、運転技術向上のカギになるのですが、ゆっくり走っていては、それも期待できません。

●お客様の技術力アップの場として「無線教習」を徹底活用

「検定コースを、ゆっくり走らせる」が、無線教習のあるべき姿なわけではありません。**「コースを複雑にせず、通常のスピードでできるだけ長く走ってもらう」**という無線教習があってもいいのです。

そこで当校では、無線教習をそうした形で実施してみることにしました。具体的には、走るコースを複雑にせず、1回の教習でそのコースを繰り返し走ってもらい、運転のコツを体で覚えてもらっていく、という内容です。そのために毎時間の走行距離を計測し、データ化しました。

さらに、それだけではお客様も飽きてしまうので、お客様の運転状況を見て、慣れてきたあたりで、指導員が無線で「左を曲がるときは、もうちょっと左に寄せてみようか」「直線はもう少し加速してみようか」など課題を出していきます。

こうした教習内容にしたことで、指導員が同乗する形の教習とはまた違う、いくつかの効果が得られることがわかりました。

たとえば、指導員が横にいないことで、ある程度、伸び伸びと運転することができ、お客様は運転に慣れることができます。また、「ひとりでも運転できた！」という経験が、お客様の自信にもつながります。

実際、無線教習を終えたお客様の顔を見ると、ほぼ全員、笑顔で車から降りてきます。また、指導員たちから見ても、無線教習後の教習では、お客様の運転技術がまた1つレベルアップしたのを実感することが多いそうです。

そもそも、「無線教習」が設けられた理由には、お客様が車の運転に慣れるといった部分も大きかったと思います。当校ではそうした無線教習の「原点」に立ち返り、その教習内容をカイゼンしていったわけです。

また、無線教習の実施は、運転技術の向上以外のメリットも、学校側にもたらしてくれました。それは先述しましたが、無線教習は1回につき最大3人の指導できるため、効率的にスケジュールを組めるようになったのです。お客様にとっては予約の取りやすさにつながりました。

これもまた、お客様と学校の両方にとってウイン・ウインのカイゼンとなったわけです。

運転技術向上のために無線教習をフル活用

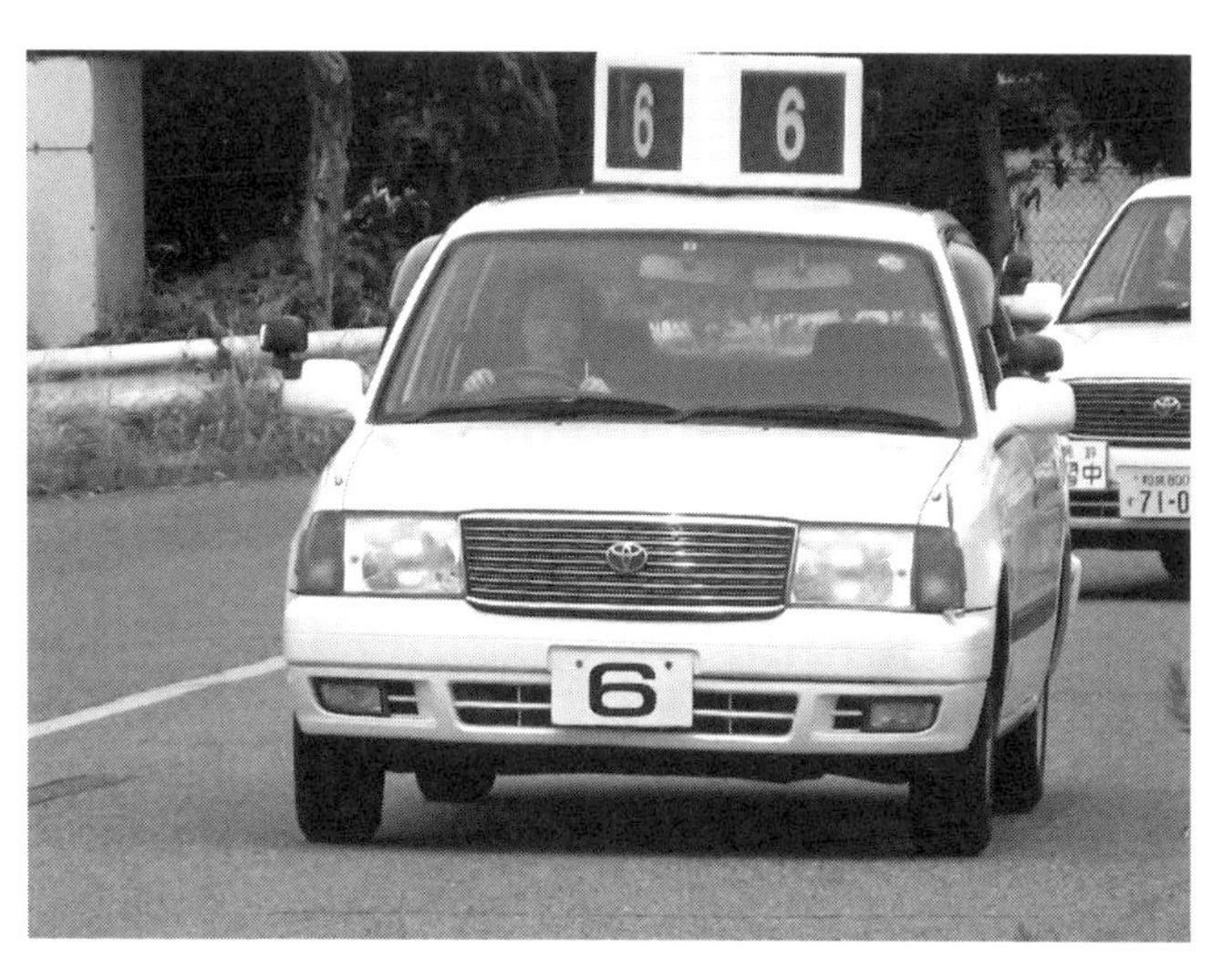

スケジュールを効率的に組めるメリットも！

「ハイスピード」を選択した理由は、安売り競争からの脱却

●熾烈を極めた大阪南部エリアの安売り競争

2010年1月にスタートした「プレミアム・ハイスピード」は、繁忙期にもかかわらず短期で免許が取得できることが評判となり、それまで減少傾向だったお客様数が、一気に増加に転じ始めました。

先述した通り、前年同時期よりもお客様数は143人増加し、売上も前年比6000万円のアップ。この「プレミアム・ハイスピード」という商品が牽引役となって、当校は、その後、売上減少から一転、V字回復を遂げることができたのです。

では、そもそもなぜ、当校はこの「プレミアム・ハイスピード」という商品の導入に踏み切ったのでしょうか。

その背景には、他の自動車教習所との間で起こっていた「安売り競争」がありました。

少子化と若者の車・免許離れにより、1990年をピークに自動車教習所市場のパイそのものが小さくなっていったことはすでに述べました。そうすると当然、起こってきたのが自動車教習所同士のお客様の取り合いです。

お客様を取り合うための手段として、もっとも簡単なのは、値下げでしょう。そして、実際、当校のある大阪南部のエリアで起こったのは、**熾烈な価格競争**でした。

2000年頃から、ある学校が教習料金を5000円下げたら、うちはさらに8000円下げるといった具合に、値下げ競争がどんどん激化していきました。

一昔前は、学校同士で、なんとなくですが、「この価格以下の教習料金にはしない」といった「紳士協定」のようなものがありました。

しかし、お客様数の減少に歯止めがかからなくなっていく中、お互いになりふりを構っていられなくなったわけです。

とりわけ当校のある大阪南部は、価格競争がきわめてすさまじかったと思います。おそらく、日本でもこのエリアほど価格競争が激しい地区はないでしょう。

他の学校が値下げを繰り返す中、当然の流れとして、お客様も価格の安いほうへとどんどん流れていきました。一方で、当校はそこまで値下げしていくのに躊躇(ためら)いがありました。その結果、思い切った値下げをしていない当校だけは閑古鳥状態。お客様数にしても売上にしても、2000年頃は最悪でした。

●安売りを続ければ、結局は経営を圧迫し、倒産の危機も

社長の私としては、この時期が一番、苦しかったです。

このままだったら、どう考えても立ち行かなくなるのは目に見えています。短期で見れば、もっとも手っ取り早い解決方法は、こちらもさらなる値下げをして対抗する

ことでしょう。ただ、私はこれ以上の値下げはなんとか避けたいと思っていました。なぜなら、こんな安売り競争を続けていれば、ますます経営が厳しくなっていくのが明らかだったからです。

他の学校に負けないくらいに値下げをすれば、そのときは、集客ができるかもしれません。しかし、安売り競争を続けていれば、いずれは採算ギリギリのところまで価格を下げざるを得なくなります。

そうなれば、薄利多売の状態となってしまい、いくらお客様数は増えても、売上はたいして上がらなくなります。下手をすれば、減ってしまう可能性もあります。

実際、周辺の安売りをしている学校を見ると、お客様が増えているわりに、どんどん売上が減っている様子でした。

そして、売上が上がらない状態が続けば、そこからなんとか利益を確保すべく、最終的には「人件費を削る」という判断をせざるを得なくなるでしょう。社員の給料を減らしたり、場合によってはリストラの決断をしたり、です。

こうなれば、社員としてはたまったものではありません。薄利多売でお客様が増えて休み返上で働かされているにもかかわらず、給料が減らされるわけですから。社員たちの不満は募っていきます。それは結局、「教習の質の低下」につながっていきます。また、中には「こんな会社ではやっていられない」とやめていく人も出てくるでしょう。そうなれば、今度は「指導員不足」という問題が生じてきます。その結果、十分な教習の品質や稼働時間の確保が困難になり、受け入れるお客様数も減らさざるを得なくなるでしょう。こうした状況は、社員のリストラを決断した際にも起こります。

つまり、安売りをしすぎて十分な利益を確保できなくなれば、教習の質の低下などにつながっていきます。それに伴い学校の評判も落ちていき、結果的に集客が今以上に困難になってしまいかねないのです。

さらに、安売りでお客様をたくさん集められるようになっても、それに対応できる仕組みが整っていなければ、「予約が取れない」というクレームにつながります。これは、安売りをしている学校では実際に起きていることでもあります。

そこで、こうした学校では、基本プランに追加する形（追加料金が必要）で夜間教習や休日教習等を設けるなどして対応しているのですが、それがさらにクレームの原因ともなりかねないようです。

クレームが多ければ、それだけ学校の評判も落ちていきますから、これもまた、集客が困難になっていく要因となってしまいます。


このように、「値下げ」という戦略は、短期的に見ればお客様数の増加につながるかもしれませんが、長期的に見ればさらなる減少につながる。その結果、経営がますます厳しくなっていき、下手すれば「倒産」ということも起こりえるのです。


だからこそ、私としては「安売り競争」にこれ以上巻き込まれたくありませんでした。なんとか、この安売り競争から脱却したいと考えたのです。

それには、「値下げ」以外の方法で、対抗していく必要があります。

とはいっても、たいていの人は、クオリティーが同じなら、価格の安いほうを選びます。ただ、これは裏を返せば、**他の学校にはない「クオリティー」**を当校が備えていれば、価格が周辺の学校よりも多少高くても「高石自動車スクールがいい」とお客様に選んでいただける、ということです。

では、その他の学校にはない「クオリティー」をどうするか。

その「クオリティー」とは、自動車教習所に通おうとするお客様が、「多少、多めにお金を出しても、欲しい」と思えること、自動車教習所に対するお客様の究極のニーズです。

それはいったい何なのか？

私は、他の学校との安売り競争から脱却すべく、**「自動車教習所に対するお客様の究極のニーズ」**を探り始めたのです。

高石が考える、お客様にとっての「究極のニーズ」とは何か？

●お客様にとって自動車教習所は「いたくない場所」

「自動車教習所に対するお客様の究極のニーズ」とは何か。

私はいろいろ考えた末に、次の結論にたどり着きました。

それは、**「さっさと免許を取得させてくれて、かつ、学校に通う頻度も滞在する時間もできるだけ短くしてくれる」**ではないか、です。

そもそも、お客様にとって自動車教習所は「いたくない場所」です。

一昔前の若者と異なり、今どきの若い人の中で、「三度の飯より、車の運転が好き」

という人はかなりの少数派でしょう。多くの人は、「好きだから」ではなく、「必要だから」、運転免許を取得すべく自動車教習所に入校するのです。

そして、入校すれば、自動車学校に通い、指導員にあれこれチェックされながら、慣れない車の運転を続けなければなりません。検定試験に向けて学科の勉強もあります。お客様にとっては、精神的にも肉体的にもかなりのストレスだと思います。

だからこそ、多くのお客様にとっての本音は、「自動車教習所に通う回数はできるだけ少なくしたいし、滞在する時間もできるだけ短くしたい。そして、なによりもさっさと免許を取得して、この場所と早々におさらばしたい」なのではないかと思ったのです。


そう考えた私は、われわれ自動車教習所がお客様に提供できる最大のサービスは、「通う頻度も滞在時間もできるだけ短くし、かつできるだけ短期間に免許を取得できるようにしてあげること」と定義し直すことにしました。

たとえば、自動車教習所の中には、ネイルやエステ等のサービスを提供しているところがあります。これは、キャンセル待ちをしている間、お客様に心地よく過ごしてもらうためです。

こうしたお客様への心遣いも、私は素晴らしいと思います。ただ、私自身としては、「キャンセル待ちがある」という前提で、それに対処するためのサービスを考えるよりも、「キャンセル待ち」そのものをなくすことに注力しようと考えたのです。

こんな具合に、お客様のニーズを再定義し直し、それに応えるために自分たちは何ができるのかを模索して行き着いたのが、「ハイスピード」という商品でした。

●「オプション料金をつけてでも、早く卒業したい」というニーズ

当校の「プレミアム・ハイスピード」は、**最短でAT車なら15日、MT車なら18日で免許取得ができる**という商品です。教習の一部を入校時に学校が一括予約するため、基本的にはキャンセル待ちがありません。

つまり、私の考える「さっさと免許を取得させてくれて、かつ、学校に通う頻度も滞在する時間もできるだけ短くしてくれる」という、自動車教習所に対するお客様の究極のニーズに見事に応えてくれる商品でした。

私は、「ハイスピード」という商品だったら、値下げをせずに、周辺の学校と戦える「武器」になるだろうと考えました。ただ、私の独断で決断するのはいかがなものかと思い、導入を決断する前に、社員全員の意見を聞いてみることにしました。

２００９年の年末、社員全員を集めて、こう問いました。

「２０１０年は、価格を下げて勝負するか、もしくは『ハイスピード』という新商品を導入して価格を上げて勝負するか、当校はどちらの道を選択すべきか挙手してくれ」

すると、社員全員が「価格を上げて勝負する」に挙手しました。

こうした社員の反応を見て、私も腹を括りました。安売り競争からは完全に足を洗い、値下げとは真逆の「プレミアム・ハイスピード」という商品を、２０１０年１月から販売することに決めたのです。

販売早々、お客様からの評判は上々でした。私の想定した「お客様の究極のニーズ」は間違っていなかったと確信しました。

その思いをさらに強くしたのが、当初はキャンペーン期間として無料で提供していた「プレミアム・ハイスピード」に、5万5000円のオプション料金がかかるようにしたときです。

付加価値をつけての、実質の値上げにもかかわらず、その人気はまったく衰えなかったのです。

中には、兵庫県から**片道2時間をかけて当校に通ってくれていたお客様もいらっしゃいました**。聞けば、3月末までに卒業できそうな関西の自動車教習所を片っ端からネットで検索したところ、当校のHPにぶつかり、入校を決めてくださったといいます。

オプション料金や交通費を余計に払ってでも3月末までに免許を取得する必要があったそうで、「短期での免許取得」というニーズの高さを実感しました。

●低価格には「時間」で対抗できる

同じクオリティーだったら、人はたいがい「低価格」のほうに流れると先述しました。それに対して、「短期間」という「時間」の軸を打ち出すと、より高価格でも人は集まってくる。それだけ「時間」というものに対して、人々は強いニーズを持ち、**「低価格」には「時間」で対抗できる**ということを改めて学びました。

また、「早く免許を取得したい」というニーズを的確につかめたことは、当校の売上アップにもつながりました。なにせ、「オプション料金がつく」ということは事実上の値上げです。そして、値上げしても、お客様たちは「『プレミアム・ハイスピード』のオプションをつけたい」と選んでくださるのです。

その結果、「売上の減少をストップする」どころか、「売上を年々上昇させる」という流れをつくっていくことができ、結果的にこの10年間で45%売上アップとなっています。「安売り」で薄利多売の状態を続けていたら、これだけの売上確保は不可能だったと思います。

そのほか、「プレミアム・ハイスピード」の導入によって、「予約が取れない」というクレームも、予約が取れないゆえの「キャンセル待ち」も激減しました。

そのことを実感するのが、当校のロビーです。

「プレミアム・ハイスピード」の導入以前は、教習と教習の間の10分のインターバルの時間となると、ロビーにはキャンセル待ちのお客様がたくさんいました。ところが導入後、その数がどんどん減っていき、今では教習時間中のロビーはスタッフのみでシーンとしています。

こうしたロビーの姿こそが、お客様に提供できる、われわれが目指す最高の「おもてなし」が実践できている証なのだと感じています。

V字回復を支えたのは、社員たちの努力

●効率的なスケジュールづくりの裏に、教習サポート部の尽力

「プレミアム・ハイスピード」の導入に当たり、当校ではさまざまなカイゼンを行ったと述べました。

こうしたカイゼンを実際に行うのは、**「人」**です。つまり、社員たちです。

当校は見事V字回復を果たせたわけですが、それには社員たちの努力が非常に大きかったと思います。

まず、なんといっても、「プレミアム・ハイスピード」の導入でお客様の数が一気に増えました。そうなれば当然、社員はこれまで以上に働かなくてはなりません。しかも繁忙期にこの商品の開始をぶつけていますから、残業続き、かつ休み返上という日々をお願いすることになりました。

そうした状況下で、当時の大谷哲司校長など現場のリーダーたちが先頭に立ってこのコースの導入に取り組み、大いにリーダーシップを発揮してくれました。そのおかげで、社員たちはこの時期、「プレミアム・ハイスピードを成功させる」という思いで、お客様が最短で卒業できるよう、一丸となって教習業務に当たってくれていました。

また、受付や会計、予約管理等、自動車教習所の事務系の仕事を一手に担う教習サポート部の奮闘ぶりも目を見張るものがありました。

たとえば、「プレミアム・ハイスピード」の導入に伴いスタートした予約の仕組み。これを担当したのが教習サポート部だったのですが、このサービスが最初からうまく機能し得たのも、彼女たちの尽力があってこそ、です（もっといえば、こうした状態は今も続いており、教習サポート部あっての仕組みだと私は感じています）。

スタッフ1人ひとりが、たとえば、無線教習や複数教習など、複数での実施可能な教習をいかに無駄なく組むかなど、つねに効率的にスケジュールを組んでいくことに知恵を絞ってくれました。

こうした複数での実施可能な教習の複数率（最大人数が埋まっている教習がどれだけあるかを示す数字）がどの教習でも90％を超えるようになったと述べましたが、その最大の功労者は教習サポート部と言っていいでしょう。


また、「10分前のキャンセルOK」のサービスを廃止する前に教習サポート部の川西ひとみ課長が、天候によるキャンセル傾向の数字を出したことも大きかった。

それにより雨天の際のドタキャンが多いことが判明。そこで、それ以降、天気予報を見て翌日の天候が悪そうなときには、雨でも来校できそうなお客様に事前に連絡して来校をお願いして、万が一ドタキャンが起こって効率的なスケジュールが崩れてしまうのを防止してくれました。

入校時の学校説明においても、「1回のキャンセルで、場合によっては、卒業が10日以上遅れてしまうこともあります」など、キャンセルのデメリットを丁寧に説明。それによって、キャンセルがしづらい環境づくりに貢献してくれました。

こんな具合に、「プレミアム・ハイスピード」導入後、全社を挙げてカイゼンに取り組んでいったわけですが、スタートからさほど間を置かずに、お客様が確実に増えていくことが数字からも明らかになっていきました。

また、指導員たちの中には、教習中にお客様から「この時期、予約が全然取れないって聞いたんですけど、高石さんは取れるのでありがたいです」といった感謝の言葉をもらう人もいました。

そうしたことがカイゼンの取り組みへの手応えとなり、社員たちのモチベーションアップにつながったと思います。

●V字回復に慣れ、社内はバラバラになりかけていた

ところが、人間はよくも悪くも「慣れる」動物です。

「プレミアム・ハイスピード」で安定的にお客様が集まってくれることも、それに伴い学校の売上が上がっていくことも、だんだんと「当たり前」になっていきます。そうなると、もはやカイゼンは「カイゼン」ではなくなり、単なる日々のルーティンと化していきます。

そこで生じてくるのが**「疲労感」**です。

「プレミアム・ハイスピード」によってお客様が安定的に増加。このこと自体は学校にとってありがたいし、喜ばしいことなのですが、一方で社員たちの忙しさは増すばかりでした。

残業は一向に減らず、休みもなかなか取れない。一方で、給料がそれほど上がって

いるわけでもない。「会社ばっかり儲かって、なんで俺たち、私たちは……」という不満が募っていっている様子でした。そうした不満を直接私に向けてくる社員もいました。

「プレミアム・ハイスピード」の導入で、学校はどんどん上り調子になっていく一方で、内部に目を向けてみると、スタート当初の社内の一体感は薄れ、どんどんまとまりのない状態になっていました。

「これではいかん」と思いました。

このまま何もしなければ、さらにバラバラになっていきかねません。

こんな具合にまとまりを欠いた状態では、カイゼンを今後も続けていくのが難しくなってしまいます。

私は「なんとかしなければ」という思いで、2010年6月に「高石アカデミー」という有馬温泉での1泊2日の社員研修を実施しました。

1回目としては満足できる手ごたえがあったものの、これだけでは不十分だとも感じていました。

もっと社員教育に力を入れていく必要がある。そのためにどうすればいいのか……。

株式会社武蔵野の小山昇社長が主宰する経営入門塾に出会ったのは、ちょうどそんなときでした。

■コラム1　健康に関するルール

武蔵野さんの実践経営塾に入塾後、経営者として多くのことを学ばせていただいていますが、「健康を大事にする」ということもその1つです。

武蔵野の専務取締役、矢島茂人さんがよくおっしゃる言葉に、「健心・健脳は健体から生まれる」があります。つまり、健康な心（健心）や健全な脳（健脳）は健康な体（健体）があってこそである、ということです。

私はこの言葉を矢島さんから教えていただいて以来、「経営者の元気こそ、会社の元気」と肝に銘じ、これまでに以上に自分自身の健康を気遣うようになりました（そのせいか、最近はお酒も飲まなくなっています）。

そして、「会社の元気」は、なにも「経営者の元気」だけで成り立つものではありません。「社員一人ひとりの元気」もあってこそ、です。なので、社員たちにも、もっと自分自身の健康に留意してもらうべく、経営計画書の随所に「健康」に関わる内容を入れ込んでいます。

たとえば、「教育・育成に関する方針」のところにある「健康維持に対する声かけを実践させる」もその1つです。具体的には、「夜12時までに寝ることを指導する」「朝帰りは禁止。発覚したら反省文」という内容になっています。

また、懇親会のルールにおいても、「遅くとも23時までに終了」とすることで、夜12時までに就寝できるようにしています。

そのほか、「環境整備に関する方針」では、「規律」の個所「PM22：30～AM4：00はチャットワーク、デスクネッツの書き込みは緊急時以外禁止」というルールを設けています。この意図は、「夜更かししないで、さっさと寝なさい！」ということです。

健康に関する規定で、このように「就寝時間」にやたらこだわるのは、睡眠不足で翌日の仕事に支障をきたされては困るからです。なにせ、当校の仕事は車の運転の指導です。指導員が睡眠不足で注意力散漫では、教えるプロとして失格です。

ところが、若い社員の場合、深夜遅くまでダラダラと起きている人が少なくない。若手社員が増えたことで、「明日の仕事に備えて早く寝なさい！」という指導の必要性が生じて、「早寝」の指導を経営計画書等でルール化することにしたわけです。組織の若返りに伴い、新たに必要となったルールといえます。

そのほか、「健康」に関するルールとして「禁煙」も社員に促しています。ただ、こちらについてはなかなか禁煙にチャレンジする社員が少なく、現状では、「評価」に連動させてうるさく注意するだけです……。

第2章

人が集まる すごい経営計画書

武蔵野との出会い

●お二人の著書に感銘を受け、「経営入門塾」に参加する

私も経営者の1人として、さまざまな社長向け本を読んできました。その中でとくに興味を引いたのが、**株式会社武蔵野**の**小山昇社長**や、同じく株式会社武蔵野の**矢島茂人氏**（現・専務取締役）が書かれた本でした。

小山昇さんは、ダスキンの加盟店である武蔵野の社長就任後、徹底的な社員教育を展開。倒産寸前の落ちこぼれ集団だった同社を、18年連続増収を実現する優良企業へと成長させました。同社はそうした実績が認められ、2000年と

2010年の2度にわたって「日本経営品質賞」を受賞。ダスキン事業に加えて、現在は、武蔵野の成長の「仕組み」をベースに、全国の中小企業に経営指導も行っています。

お二人の著書に出会った頃、私は社長として新たな困難に直面していました。「プレミアム・ハイスピード」を導入してしばらくの間、社員たちは「V字回復」という目標を共有し、一丸となって頑張ってくれていました。ところが、半年、1年……と経つうちに、売上が上がっていくのが当たり前になっていき、その状況に慣れていくにつれ、元のバラバラな状態に戻っていくのをひしひしと感じたからです。

そうした状況に対して、「なんとかしなければ」と、必死になって解決策を探っていた私には、小山さんや矢島さんがその著書で書かれていた内容は非常に刺さりました。

とりわけ印象に残ったのが、矢島さんの『会社は「環境整備」で9割変わる！』（あさ出版）に書かれていた、**「強い企業文化とは、社員の気持ちが一致し、同じ行動指針で動けること」「心を1つにし、同じ方向を向いて仕事をするためには、共通の言語、道具、認識が必要です」**という言葉。

これは、今の高石自動車スクールに不足している部分だと痛感しました。

そんなとき、武蔵野さん主催の「経営入門塾」が大阪で開催され、小山さんと矢島さんが講師として登壇されるということを知りました。私は、ぜひお二人の話が聞きたいと思い、参加することにしました。

余談ですが、このときの体験は私にとってめちゃくちゃインパクトが強かった（武蔵野さんの話をする際には、いつも笑い話のネタに使わせてもらっています）。

まず、セミナー会場が、大阪・梅田で、なんとキャバクラが真横にあるビル。大阪人はムードをめちゃくちゃ大事にしますから、大阪の人間ならセミナー会場としてまず選ばない場所です。そして、セミナー後の親睦会が全国チェーンの居酒屋。

「こんな高いセミナーをやって、なんで、こんな安もんのセミナー会場を使って、懇親会までこんな安い店へ行くねん」とビックリしました（当時、小山さんは武蔵野のセミナーは日本一高額としきりに言っていました。今でも高額ですが）。

こんな具合に、会場の設定には「あれ？」と思うところが多々あったのですが、お二人の講演はそれを吹き飛ばすくらいに素晴らしい内容でした。

基本的には、それぞれのご著書に書かれていることを話されていたのですが、本で読むのとリアルで聞くのとでは迫力が違います。

「うちの学校でも実践できるものはないだろうか」と、あれこれ考えをめぐらせながら、お二人の話に聞き入っていました。

●社長はもっと勉強しなければいけないことを痛感

私は武蔵野さんが実践されている「仕組み」をもっと学びたいと、今度は、武蔵野さんの社内見学ができるという「現地見学会」にも参加。

そこで、武蔵野さんの社員教育の柱である「経営計画書」を読ませていただいたり、「環境整備」の実際を見せていただいたりしました。その後の懇親会では小山さんが質問を受け付けてくださるというので、いろいろお話をさせていただき、武蔵野さんの「仕組み」への関心がさらに強まりました。

そして、2011年5月には武蔵野さんの「経営計画発表会」にも参加。噂通りの「熱い」発表会に思わず、「これはなんかの宗教か！」と目が点になったことを覚えています。

ただ、そうやって毎回、度肝を抜かれるような体験をさせていただきつつ、強く感じたのが、**「やはり社員教育は大事やな」**ということでした。

そしてもう1つ、武蔵野さんのセミナーを通じて、日本全国のさまざまな会社の経営者の方々と接する中で、**「社長がまずもって勉強せなあかんねんな」**ということも痛感させられました。というのも、武蔵野さんのセミナーに集まる経営者の方々は皆さん本当によく勉強をされているからです。

そんな皆さんに刺激を受けて、「自分がもっと勉強しよう」という気持ちがどんどん強まっていき、できれば小山さんが主宰されていた「実践経営塾」に参加したかったのですが、当時は東京のみでの開催で、しかも、わが家には1歳半の子どもがいて妻からのお許しを得るのが厳しい感じでした。

そのため「武蔵野さんとの関わりもここで終わりかな……」と諦めていたら、なんとその年（2011年）は、3月に起きた東日本大震災による計画停電の影響で、実践経営塾が大阪で開かれることになったのです。

私はこの不思議なご縁の巡り合わせに驚きつつ、受講を決断。それ以降、武蔵野さんが実践されている経営のノウハウについて、本格的に学び、かつ自分が経営する自動車教習所で実践していくことにしたのです。

「経営計画書」と「環境整備」に取り組むことを決意する

●経営計画書とは？

武蔵野さんの強さの秘密。それは、やはり**「経営計画書」**と**「環境整備」**の2つだと思います。

経営計画書を通じて、会社が向かうべき方向や方針などを社員全員が共有し、環境整備によって同じ方向を向いて仕事ができる組織をつくっていく。

セミナーに参加し、「経営」について改めて学んでいく中で、今の高石自動車スクールに必要なのは、この経営計画書の作成と環境整備の実践だと強く感じました。そして、なんとしても、当校でこの2つを導入できればと考えるようになりました。

ただ、「言うは易し、行うは難し」です。

社長の私が「導入する」と決めれば、導入はできるでしょう。ただ、それが定着し、さらには「社員の気持ちが一致し、同じ行動方針で動ける」という強い企業文化を築いていけるまでにするのは、簡単なことではありません。

急いては事を仕損じます。私は、武蔵野さんの経営コンサルティング事業の方と相談しながら、導入の準備を進めることにしました。

最初に取り組んだのは、「経営計画書」です。

この章では、当校において、経営計画書がどう定着していったのかについて紹介していきたいと思います。

その前にまず、「経営計画書」とはどのようなものかについて述べておきましょう。

これは、小山さんの言葉を借りれば、次の3つの要素からなっています。

①今とこの先5年間の利益や財務状況などの「数字」を明記する
②社長や社員が「やらざるを得ないルール（＝方針）」を定める
③1年先の予定を「事業年度計画表（年間スケジュール）」に記す

経営計画書とは、これら3つの要素がまとめられた1冊の手帳です、そして、その内容は、毎年、現状に合わせて書き換えていきます。

さらに、武蔵野さんの指導では、この経営計画書に「魂」を入れるべく、年1回開催される「経営計画発表会」という儀式で、その内容を発表します。この会には社員のほか、取引先の金融機関、来賓などをご招待し、そうした方々に向けて、社長が自分の声と言葉で、その年の経営計画書に記された数字や方針について解説していきます。

会社が向かうべき方向や方針が書かれた経営計画書

●社員を騙して、初めての経営計画発表会を実施する

２０１１年7月に実践経営塾に参加した私は、その流れで、翌２０１２年（当校にとっては52期）の経営計画書を作成すべく、武蔵野さん主催の経営計画書作成合宿に参加することにしました。２０１１年12月のことです。

私にとっては初めての経営計画書の作成で、正直、「数字」や「方針」「年間スケジュール」を決めるといっても、どうすればいいのかわからず、まさに手探りの状態でした。

小山さんの指導もあって、来期の経営計画を1冊の手帳にまとめることができ、年が明けて２０１２年1月に経営計画発表会を開くことにしました。

日程は、商売繁盛の神様で知られる今宮戎神社（大阪・浪速区）で、年に一度、行われる例大祭「十日戎」（1月9～11日）に合わせて1月10日にしました。

じつは、この神社と当校は浅からぬご縁があります。この神社は、太平洋戦争の際

の大阪大空襲で社殿等が焼失してしまったのですが、戦後、その復興として、当校の初代社長、藤井恒一が支援金を奉納させていただいたことがあるのです。

そうしたご縁もあり、その後、正月の仕事はじめの際には社長や幹部が、商売繁盛と交通安全・開運を祈願して参拝するのが恒例となっています。

そして、現在も境内のもっとも目立つ場所に、高石自動車スクールの提灯を毎年掲げていただいています（83ページ）。


そして、なぜ、経営計画発表会を、今宮戎神社の十日戎に合わせたのかというと、いい「口実」になるから。

この当校にとっては最初となる経営計画発表会は、金融機関や来賓の方はご招待せず、参加者は社員のみという内輪の会にすることにしました。とりあえず、今後の練習も兼ねて、まずは内部だけでやってみようと思ったわけです。

さらに、社員にも「経営計画発表会をやる」とは伝えていませんでした。なぜなら、この当時、社員たちに「経営計画発表会」なんて言ってもまったく理解してもらえないと思ったからです。

ただ、小山さんいわく、「経営計画発表会は社内で行わず、ホテルやホール、公民館などを借りて行うこと」。その理由は「場所が変わらなければ、社員の意識も変わらないから」です。となると、何か「口実」を設けて、社員を学校の「外」に連れ出す必要があります。そこで、「今宮戎のちょうちんを見に行って、その後、飯を食わすから、みんな付き合え」と、まさに「騙して」、発表会に参加させたわけです。

そして、参拝と食事会の前に1時間程度、地元、泉大津の研修室で「経営計画発表会」を実施。武蔵野さんの経営計画作成合宿で一生懸命つくった「経営計画書」を発表し、その内容について解説していきました。

聞かされた社員としては、「経営計画書」も「経営計画発表会」も、「なんのこっちゃ?」でまったく理解不能だったと思います。

その2年前には、突如、「プレミアム・ハイスピード」という商品の導入を決断した「前科」が私にはあるので、社員からすると、「社長が、また何かうっとうしいことを始めた」というのが本音だったのではないでしょうか。

高石自動車スクールゆかりの今宮戎神社のちょうちん

ただ、そうはいっても、この年の**業績はアップ**（もちろん、その要因は、経営計画書以外にもいろいろあることは理解しています）。

私自身も、自分の思いや考えを「経営計画書」という紙に書いていくことで、ブレることなく、一定の方向を見て進めていくようになりました。

また、きちんと読んでくれた社員にとっては、文字として記されることで、私の考えが理解しやすくなったようで、私と同じ方向にベクトルを向けてくれると感じる機会もしばしばありました。

そのため、私は「経営計画書」の作成に手ごたえを感じ、翌年２０１３年（53期）以降も作成することを決めました。

2012年、初めて行った経営計画発表会

社員に読んでもらえない「経営計画書」はゴミと同じ

●社長の思いをたっぷり詰め込んだら、その年の業績は低迷

小山さんの著書の中に**「経営計画書は魔法の書。なぜなら、書いたらその通りになるから」**という一文があります(『経営計画は1冊の手帳にまとめなさい』KADOKAWA)。多くの社長さんが口をそろえて言う言葉として紹介されているのですが、これは私も実感しています。

そして私は、別の側面でも経営計画書の「魔力」を感じたときがあります。

それは、2015年(55期)と2016年(56期)です。

経営計画書を初めて持った２０１２年（52期）の業績は、先述した通り好調でした。これに気をよくした私は、かなり気合を入れて翌年以降の経営計画書づくりに取り組みました。

社員たちに伝えたいことは次から次へと湧き出てきます。それらをすべてこの1冊の経営計画書に落とし込んでいきました。その結果、２０１５年にできあがったのが、私の考えがぎっちり詰め込まれた、ページ数にして１１２ページの超大作の経営計画書です。

印刷所から届いた分厚い経営計画書を見ながら、私はものすごい達成感を覚えました。「やった！　俺、こんなんつくったわ！」とものすごく感動し、「これを抱きしめて寝られる」くらいに、自分の中でも盛り上がっていました。

ところが、これだけ満足のいく経営計画書をつくり上げたにもかかわらず、**2015年の業績はまったく振るわなかった**のです。

もちろん、業績が伸びなかったことは、経営計画書だけが要因ではなかったと思います。ただ、２０１５年版は、私自身、あれだけ気合を入れてつくった1冊です。その分、「業績がいまいちだったのは、経営計画書に原因があるのでは」という思いが強くなってしまいました。

そこで、「熱が入りすぎて、内容を詰め込みすぎたのがいけなかったのかな」と反省して、翌２０１６年（56期）は思い切り内容を削って、ペラペラの経営計画書をつくることにしました。今回は80ページと、２０１６年版よりも32ページ減です。

すると、なんと**２０１６年は再び業績がアップした**のです。このとき、私は経営計画書の「魔力」のようなものを感じずにはいられませんでした。

しつこいようですが、こうした業績のアップダウンの要因が経営計画書だけでないことは頭ではわかっています。ただ、どうしても両者に関係があるのではと思えて仕方がありませんでした。

そこで、分厚かった２０１５年版と、薄くてペラペラだった２０１６年版の、業績にもたらす差を考えてみることにしました。この差は一体何だろうか。

そこで気がついたのが、これは、**経営計画書を社員が読んでくれているか否か、読んだうえで決められた方針を決められた通り実行しているかどうかの差**なのではないか、ということです。

●分厚い経営計画書を、社員は基本的に読まない

2015年版は私の考えがぎっしりと詰まった分厚い経営計画書となりました。一方の2016年版は、内容を思いっきりシンプルにし、ペラペラにしました。

たとえば、通常の本でも、よほどの読書好きは除いて、分厚い本というのは敬遠されがちです。分厚い本に対して、「読もう」と思うどころか、ページを開く気にもなれないという人も少なくないのではないでしょうか。一方、ペラペラの薄い本なら、「ちょっと開いてみようかな」くらいの気持ちにはなります。

経営計画書もこれと同じだと私は考えました。

分厚い経営計画書にしてしまえば、社員は読んでくれません。一方、**薄っぺらくす**

れば、読んでくれます。

そして、経営計画書をつくる目的は、トップがブレなくなるためであり、それと同時に、そのトップが示した方向や方針を社員全員が共有し、同じ方向にベクトルを揃えていくためのものです。

そのためには、社員全員が読んでくれなくては意味がありません。すべてのページを読み、内容を理解し、そこに書かれた方針等を日々実行する。そこで初めて、経営計画書が経営計画書としての意味を成すのです。逆に、社員に読んでもらえなければ、その経営計画書は、「ゴミ」同然です。

自分自身を含めて、経営計画書を作成しているとき、経営者はこうしたものすごく大事なことを忘れてしまいがちです。

当初の私がそうだったように、経営計画書をつくることそのものに、自己満足してしまう。しかし、経営計画書が、小山さんの言うところの、「書いた通りになる『魔法の書』」となるには、経営者の自己満足で終わってしまってはダメなのです。

経営計画書は「つくったら終わり」ではなく、つくり終えてからがスタートです。

それを社員に渡し、社員に読んでもらい、そこに書かれてある方針等を日々の仕事で実践し続けてもらう。

そして、そのためには**社員が読んでくれて、理解し、実行してくれる経営計画書をつくることが大事**です。

では、そのためにどうすればいいのか。

次項では、「社員に読んでもらえる経営計画書」にするために、当校が行っているノウハウを紹介していきます。

「わかりやすさ」が、「読んでもらえる経営計画書」の最大のポイント

●伝えたいことの「核」だけを、経営計画書に落とし込む

「経営計画書のこの1冊の中に自分の『思い』を100％詰め込みたい。この1冊で自分の『思い』のすべてを伝えたい」

経営計画書をつくるとき、多くの経営者がこう思うのではないでしょうか。

しかし、それが「誤りのもと」だと、2015年版への反省から、私は気がつきました。

そもそも、社員は経営者があれこれ言うのを「うっとうしい」と思っています。

「親の心子知らず」という諺がありますが、これは「経営者の心社員知らず」と言い換え可能なくらい、社員は経営者の心を理解しようとはしてくれません。そのことは、実際、社長になってみて、痛感しました。

そして、「うっとうしい」と思われているのですから、経営者が「この経営計画書で、私の『思い』をぜんぶ伝えよう」なんて意気込めば、社員からすれば迷惑至極で、ますますそっぽを向かれます。

そのため、経営計画書づくりにおいては、**伝えたいことを徹底的に絞り、自分が伝えたいことの「核」になる部分だけを落とし込む**必要があると私は考えています。

「核」の部分以外を思い切って切らなければならないわけですから、その方向に舵を切るのは、意外と勇気がいります。

しかし、いざバッサリ切ってシンプルにして見ると、その内容はすこぶる読みやすく、わかりやすくなるはずです。

経営計画書に書かれていることは、基本的に「ルール」ですから、社員は本音のところで従いたくない。ましてや、そこに書かれている内容が難しければ、理解するのも面倒ですから、社員はますます実践してくれなくなります。

だからこそ、社員に実践してもらいたいなら、「読みやすく、わかりやすい」ことは最低条件と言えます。バッサリ切ってシンプルにすることは、その第一歩なのだと私は思っています。

●「子ども」でも理解できる日本語にする

「読んでもらえる経営計画書」づくりは、盛り込む内容をシンプルにするだけでなく、「伝え方」にも要注意です。

ここで、経営者の皆さんに質問です。

あなたは、ご自分の会社の社員（とくに若手社員）の「日本語レベル」を把握していますか？

「日本で生まれ育ったのなら、日本語が理解できて当たり前だろう」と多くの人は思うかもしれませんが、じつはそうでもないようです。

実際、今の若い世代は新聞を読まないと言われています（当校でも若手社員が新聞を読んでいる姿を見たことがありません）。また、本を読んでいる気配もありません。スマホやタブレット等で毎日、活字は読んでいるかもしれませんが、一昔前の世代と比べれば、かなり活字離れが進んでおり、それに伴い、昔の日本人よりも日本語力が落ちていても不思議ではありません。

若者を中心とした、こうした日本語力の低下に私が気づくきっかけとなった出来事があります。

それは数年前のことなのですが、当校の若手社員（20代）に、「ファイルは垂直に置いて」と言ったら、それを水平に置き（つまりファイルを重ねていったわけです）、「これとこれは平行に並べて」と言ったら、縦に三角形のような形で置いたのです。

これらの会話を通して、「もしかすると彼は、『垂直』や『水平』の意味を理解していないのでは？」と気になり、「平行・垂直・直線・直角」のそれぞれの状態について説明してもらうことにしました。すると案の定、彼は理解していなかったのです。

ということは、私が書く経営計画書の日本語は、若い社員に理解されていない可能性があります。なぜなら、経営計画書の「環境整備の方針」のところには、「平行・垂直・直線・直角」といった言葉を使っているからです。これらの言葉の意味を理解していなければ、これらが含まれる文を読んでも理解できていなかったことは容易に想像できます。

このことに気がついて以降、私は、経営計画書では**できるだけ簡単な日本語を使う**ように注意しています。イメージしているのは、子どもでもわかる日本語です。

また、長々と書くと理解しづらくなりますから、1文につき伝える情報はできるだけ1つにする**「一文一義」**を意識して文をつくっています。

経営計画書の文章はできるだけ簡単に、短く

■2015年版（55期）

> 3　姿勢
> (1)　お客様に迷惑をかけるようなことは絶対にしない。親密性のはきちがえ、勘違い、勝手な解釈は絶対にしない。親密性＝高石自動車スクールに関する教習や検定、スケジュールなどを指す。
> 　お客様のプライベートな相談には乗らない。話をふられた場合には「私には解決能力がありません」「教習に集中してください。運転や免許以外の話はご遠慮ください」と言ってきっぱり断る。小さな親切大きなお節介となるので、特定のお客様、もしくはそのご両親と業務時間外に会わない。誤解を招く行動はしない。

→グズグズ、ダラダラ書きたい放題

■2016年版（56期）

> 2
> (1)　お客様に迷惑をかけるようなことは絶対にしない。親密性のはきちがえ、勘違い、勝手な解釈は絶対にしない。親密性とは高石自動車スクールに関する教習や検定、スケジュールなどを指す。
> (2)　お客様のプライベートな相談には乗らない。話をふられた場合には「私には解決能力がありません。教習に集中してください。運転や免許以外の話はご遠慮します」と言ってきっぱり断る。

→読みやすいように２つに分割。短くしないと読まない。

●漢字にすべて「ふりがな」をふる

そのほか、簡単な日本語にするために、漢字の使用も最小限にしました。

というのも、パッと見たときに、漢字が多いと、それだけで読む気が失せるという話を聞いたからです。また、読めない漢字があると、これまた読んでもらえないので、2018年（58期）からは**すべての漢字に「ふりがな」をふる**ことにしました。

これは、若手社員たちからは好評なようで、「ふりがなを振ってくれてありがとうございます。恥をかかんですみました」と感想文に書いてくれる若手社員もいます（ちなみに彼は大卒です。これが今の若い人の日本語力の現実なのだなと、改めて気づかされます）。

その一方で、漢字に苦手意識がない社員たちからの評判はあまりよくありません。年配のベテラン社員からは「ふりがながあると、読みにくい」という感想をもらうことがしばしばあります。私自身も、本音のところで、「読みにくい」と感じています。

ふりがなつきの経営計画書

環境整備に関する方針

1、基本

(1) 仕事をやり易くする環境を整えて備える。

(2) 「形」から入って「心」に至る。「形」が出来るようになれば、あとは自然と「心」がついてくる。

(3) 計画を立てた所を毎日必ず7分間行う。

(4) 全員で、もし出来ない時は1人で時間をずらしてでも必ずやる。まじめにかつワイワイガヤガヤやる。

(5) 環境整備を通して、働く人の心をかよわせ、仕事のやり方や考え方に「気づく習慣」を身につける。

(6) やり続ける事で強い会社にする。すぐに結果は出ない。

これも社員に読んでもらうための工夫

ただ、全員が読めて、かつ読んでくれてこその「経営計画書」ですから、この措置は致し方ないこと、としています。ベテラン社員たちにとって「ふりがな」は、今のところ我慢できる範囲内のようなので、当分、続けるつもりです。

●「事業年度計画表」を見開き方式にする

経営計画書の後半は「事業年度計画表」です。これは、「この日には、これをする」と、その期の1年間のスケジュールを書き記したものです。

武蔵野さんからは、1カ月の記入欄が縦に並んでいる「ホリゾンタル」タイプにすることを指導されました。そこで、最初の3年間（2012～14年／52～54期）はその形にしていたのですが、当校の社員たちはそのページをあまり見ないし、日々のスケジュール管理に使ってくれていないことに気がつきました。

そこで、小山さんに許可を取って、2015年版（55期）から、見開き2ページで1カ月が見渡せる**「月間ブロック」**タイプに変えてみることにしました。すると、

事業年度計画表を使ってもらう工夫

■Before(ホリゾンタルタイプ)

日付	曜日	六曜		摘　要	8	12	16	20
1/5	月	先勝						
1/6	火	友引						
1/7	水	先負						
1/8	木	仏滅						
1/9	金	大安		経営計画発表会				
1/10	土	赤口						
1/11	日	先勝						

■After(月間ブロックタイプ)

月	火	水	木	金	土	日
28	29	30	31	1 元日	2	3
4 仕事始め	5	6	7 経営計画発表会	8 P4～5	9 P6	10 P7
11 P12 成人の日	12 P13 プロジェクト会議 (年間スケジュール)	13 P14 プロジェクト会議 (年間スケジュール)	14 P15 環境整備点検 プロジェクト会議 (年間スケジュール)	15 P16 プロジェクト会議 (年間スケジュール)	16 P17	17 P18

見開きスタイルで社員が使うようになった

社員たちがそのページを見るようになり、かつ使ってくれるようになりました。

どうも当校の社員にとっては、「ホリゾンタル」タイプよりも、「月間ブロック」タイプのほうが使い勝手がよかったようです。

このように、自分のところの社員との相性を見ながら、経営計画書をマイナーチェンジしていくことも、読んで、理解して、実践してもらえる経営計画書にしていくには欠かせないのではと考えています。

●読んでくれているかを、どうチェックするか

先ほどから繰り返し述べているように、経営計画書は社員に読んでもらい、理解してもらい、実践してもらってこそ、その効果を発揮します。

ただ、ここで経営者が決して忘れてはいけないのが、ただ手渡しただけでは、社員は基本的に、経営計画書を読んでくれない、ということです。「手渡したら読んでくれる」というのは、経営者の思い込みにすぎません。

小山さんが著書で言う通り「面倒なこと、嫌なことはやらないのが『まともな社員』です」（『経営計画は1冊の手帳にまとめなさい』KADOKAWA）。

ということは、**読んでもらうための「仕組み」**が必要だ、ということです。

たとえば、武蔵野さんでは、「朝礼」で経営計画書の「方針」を強制的に読ませ、「早朝勉強会」で小山社長が自ら講師を務め、「方針」の解説をしました。

さらに、「方針」を本当に理解しているかをチェックするために、定期的に「穴抜きテスト」を実施しています。これは、「方針」の一部を空欄にして、それを埋めさせていく、というものです。

当校では、このすべてを実施することは現状では難しいため、とりあえず、武蔵野さんをパクって、**毎日の朝礼で「『方針』を読む」**という仕組みを設けています。

具体的には事業年度計画（年間スケジュール）のところに各日付の横に「P34」とページ番号を入れ、その日は各チームでその部分を読んでもらうことにしているのです。

ちなみに、ここでのポイントは、どの方針を読むかについて、「ページ番号」にしている、ということです。

各方針には、「お客様への正しい姿勢」など、それぞれ名称がついています。しかし、それを書いてしまうと、「それって何ページだっけ？」と、一度、目次に戻って探す必要があります。こうしたそのひと手間があると、それがネックになって、習慣化がなかなか進まなくなりかねません。また、「文字」で書かれていると、それを見た瞬間に「面倒くさい」という拒絶反応も生じやすくなります。

一方、ページ番号なら、そのままそのページに行けばいいので簡単です。そうやって作業をシンプルにすることも、習慣を定着させる秘訣だと考えています。

新型コロナウイルスへの対応で、「経営計画書」の力を改めて再確認する

●経営計画発表会は、金融機関からの信頼を得る絶好の機会

当校が、お取引のある金融機関の方々などをご招待し、本格的な経営計画発表会を実施するようになったのは、２０１４年（第54期）からです。

武蔵野さんの実践経営塾で多くのことを学ばせていただいていますが、その中の１つに金融機関との交渉方法があります。

小山さんいわく、金融機関がお金を貸したくなる会社になるため必要なのは、「経営計画書」「経営計画発表会」「銀行訪問」の3点セット。これらを通じて、数字に表

れない会社の「定性情報」（社長のやる気や社員の姿勢など）を提供し、「この会社なら安心だ」という確信を持ってもらえれば、無担保・無保証での融資も可能であると言います。

とりわけ、経営計画発表会は、金融機関の方々に社内の雰囲気も理解してもらうよい機会になります。そこで、満を持して２０１４年からは金融機関の方々もご招待させていただくことにしたのです。

そして、この機会を通じて、毎年、高石自動車スクールの社長や社員の「姿勢」を金融機関の方々に見ていただいた結果、「この会社なら安心できる」と思っていただけるようになったのか、２０１９年末現在、私の**個人保証はすべて解除、不動産担保は約半分**になりました。

さらに、２０２０年の新型コロナウイルスの感染拡大に伴い、同年4月に政府から「緊急事態宣言」が出された際にも、お客様や社員の命が最優先と考え「休業」の決断ができたのも、「経営計画書」や「経営計画発表会」があったおかげです。

経営計画発表会が金融機関の信頼につながる

このとき、大阪の自動車教習所は休業要請の対象となっていたわけではありません。実際、大阪の自動車教習所のほとんどが「休校」の意思はなかったのではないでしょうか。大阪自動車学校協会のほうでも、「営業継続」で足並みを揃えたかったのではないかと思います。

私としても、本音として「休校」は避けたかった。4月といえば繁忙期の名残りが残っている時期です。言ってみれば、自動車教習所にとっては1年の中での「最後の稼ぎどき」なわけです。そのため、正直、この時期にしっかり売上を立てておきたいという思いはありました。

しかし、新型コロナウイルスは、いつ誰がどこで感染するかわかりません。予防するにも限界があります。ましてや、車という密閉された空間で、人と人とが密接な距離で接する自動車教習所は、感染リスクが非常に高いといえます。

経営者としては、当校に通ってくださるお客様や、社員、そしてその家族を新型コロナウイルスから守らなければなりません。

「やはりお金より命ちゃうか」

私はそう考え、緊急事態宣言が出てから4日後の4月10日、「休校」という苦渋の決断をすることにしました。

●緊急事態で威力を発揮する「現金」と「金融機関からの信用」

そして、このとき私が「休校」という決断ができたのには、**当校が「現金」を持っていた**ことと、**金融機関が躊躇なく融資をしてくれた**ことが大きかったと思います。

「現金を持つ」というのは、武蔵野さんの実践経営塾に入塾して以来、小山さんから徹底的に仕込まれてきたことです。そのため、「現金を持つ」ということを意識的に行ってきました。

そのおかげで、「休校」となってほぼ無収入の状態になっても、それが一定の期間であれば、何とかなるだろうという計算ができたわけです。

また、現金があることで、**社員に休業中も基本給の100%を補償することができました。**

さらには、金融機関からの融資についても、毎年、経営計画書を作成し、経営計画発表会を実施することで、金融機関の方々に「定量」（数字に表れる情報）と「定性」の両方の情報を提供。それによって、「確実に返済してくれる会社」と信頼してもらうことができ、この**コロナ禍にあっても融資していただくことができました**。そのおかげで、夏の賞与も業績に連動して支給することができました。

「経営計画書」や「経営計画発表会」といった地道な努力を、毎年、コツコツと続けてきたことが、結局、こうした緊急事態においては大きな強みになることを改めて実感することができたのです。

■コラム2　社内不倫・お客様との不倫／社内恋愛・お客様との恋愛

当校の経営計画書には「社内不倫」と「お客様との不倫」に関するルールがあります。社内不倫の場合、幹部なら平社員に降格、社員なら減給で、いずれも6年間の賞与停止です。お客様との不倫の罰則はさらに厳しく、発覚と同時に即日解雇、もしくは自主退職です。お客様へのストーカー行為が発覚した場合は、懲戒の対象、もしくは自主退職です。

社内不倫の規定は、武蔵野さんにあったのをパクらせてもらったのですが、お客様との不倫については、当校独自です。というのも、自動車学校というのが、恥ずかしながら、昔からお客様との不倫だったり恋愛だったりが起こりやすいからです（これを私は「教習所マジック」と呼んでいます）。

しかし、お客様との不倫が生じれば、深刻なクレームにつながります。学校の評判もガタ落ちです。そうした事態を避けるべく、「絶対するなよ！」という思いを込めて、経営計画書でルール化しているわけです。

同じ理由で在校中のお客様との恋愛も禁止です（個人的に連絡先を聞くのも不可）。経営計画書では、「発覚した場合本人は始末書提出の上懲戒対象とする。上司は反省文」と規定しています。

一方で、社内恋愛（不倫ではなく）は大歓迎です。ただし、裏でコソコソはダメ。経営計画書で「つき合うこと、別れる事が決まったら必ず社長に2人で報告する」や「二股禁止」というルールを設けています。このルールができて以降、たいていの社員が交際スタートの際には報告をしてくれます。こうした報告を聞くと、経営者としてはやはりうれしくなります（数組が現在進行形でおつき合いしているのは喜ばしいかぎりです。また、本書執筆中に、1組、結婚の報告に来てくれました）。

社内不倫については、最初の経営計画書からあった規定ですが、お客様との不倫＆恋愛と社内恋愛の規定は、数年前、ルール化する必要性が生じ、新規に追加しました。新卒採用をスタートし、若い社員が増えたことがその理由です。20代といえばまだ遊びたい盛り。調子に乗ってやんちゃしてしまう子もいます。その中に色恋沙汰もあり、場合によっては会社にとってマイナスとなる出来事も生じえるわけです。

少子化の現在、多くの経営者にとって組織の若返りは喫緊の課題です。しかし、実際に若手社員が増えていく中で、こちらとしては想定もしていなかった新たな問題が生じるようになってきています。経営者は組織の若返りに伴うリスクにも、きちんと対応していくことが求められると改めて感じています。

第３章

人が集まる すごいカイゼン

環境整備で、バラバラな社員たちのベクトルを揃えていく

●仕事の環境を整え、備えるのが「環境整備」

まとまりに欠け、社員たちのベクトルが別々の方向を向いている状況をなんとかしたいと武蔵野さんの実践経営塾に入塾した私にとって、最初の目標は「経営計画書」と「環境整備」を当校に導入することでした。

経営計画書については、2012年（52期）に「経営計画発表会」と合わせてスタートすることができました。

そして、それを社内に定着させていく努力をしながら、もう1つの目標である**「環**

境整備」を始動させる準備も着々と進めていくことにしました。

ここで、環境整備とはどのようなものかについて、武蔵野の矢島茂人さんの著書『会社は「環境整備」で9割変わる！』（あさ出版）を引用させていただきながら、説明しておきましょう。

環境整備とは、矢島さんいわく、**「仕事がしやすい『環境』を『整』えて、『備』えること」**です。

環境整備は、大きく次の3つからなります。

①物的環境整備
②人的環境整備
③情報環境整備

①の物的環境整備とは、自分たちが仕事をしている現場を整えていくことです。

具体的には、**（1）整理（捨てること）**、**（2）整頓（いつでも、誰でも使える状態に保つこと）**、**（3）清掃（きれいにすること）**、**（4）清潔（整理・整頓・清掃の状態を維持すること）**の4つ、（1）→（2）→（3）→（4）の順番で行っていくことです。

②の人的環境整備のメインは、**「礼を正す」**ことです。具体的には、大きな明るい返事をし、挨拶をする（返事・挨拶・笑顔）ということになります。

③の情報環境整備とは、**コミュニケーションの促進**です。その柱となるのが、時間を守ることと、報告の内容を統一すること、です。この2つを社員に徹底させる。

●3つの環境整備と社員の4つが揃って、会社は強くなっていく

矢島さんは会社を「樹木」にたとえ、物的環境整備と人的環境整備の2つは、樹木の「根」の部分だと言います。私たちは樹木を見るとき、その花や実に目がいきがちです（これは、会社でいえば「利益」）。しかし、そうした花や実は、地中に広く深く根が張ってこそです。

　そして、花や実を支えているのは、根だけではありません。「幹」が根から栄養を吸い上げ、それを枝葉に届けることで、花が咲き、果実が実ります。その幹に当たる部分が情報環境整備です。

　さらに、根に栄養を供給する「土壌」に当たるのが、環境整備を行う社員1人ひとりです。

　根が弱ければ、土中から栄養を得ることができません。根がしっかりしていても、幹が頼りなければ、根からの栄養を枝葉に十分に届けられません。そしてそもそも、土壌に栄養が少なく痩せた土地であれば、根も幹も成長できません。

　つまり、「物的」「人的」「情報」の環境整備、「社員」のどれか1つでも不十分だと、豊かな実り（利益）につながっていかなくなってしまうのです。

　一方で、社員1人ひとりが、この3つの環境整備を地道にコツコツと続けていれば、よい社風（強い根と太い幹）が醸成され、さらには強い企業文化（社員の気持ちが一致し、同じ行動指針で動けること）が育まれると矢島さんは言います。

●整頓

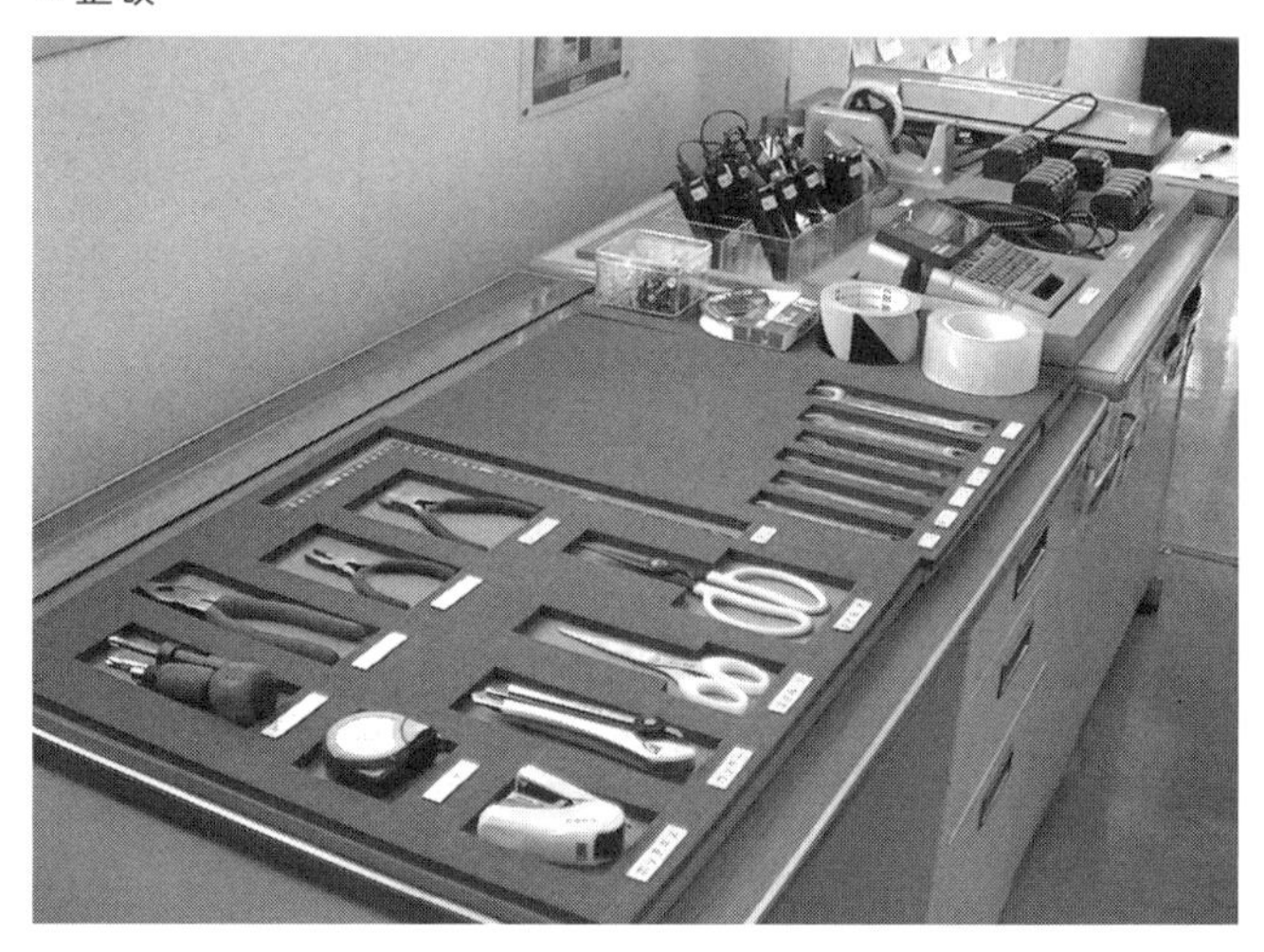

●清潔

環境整備で整理・整頓・清掃・清潔を実践

●清掃

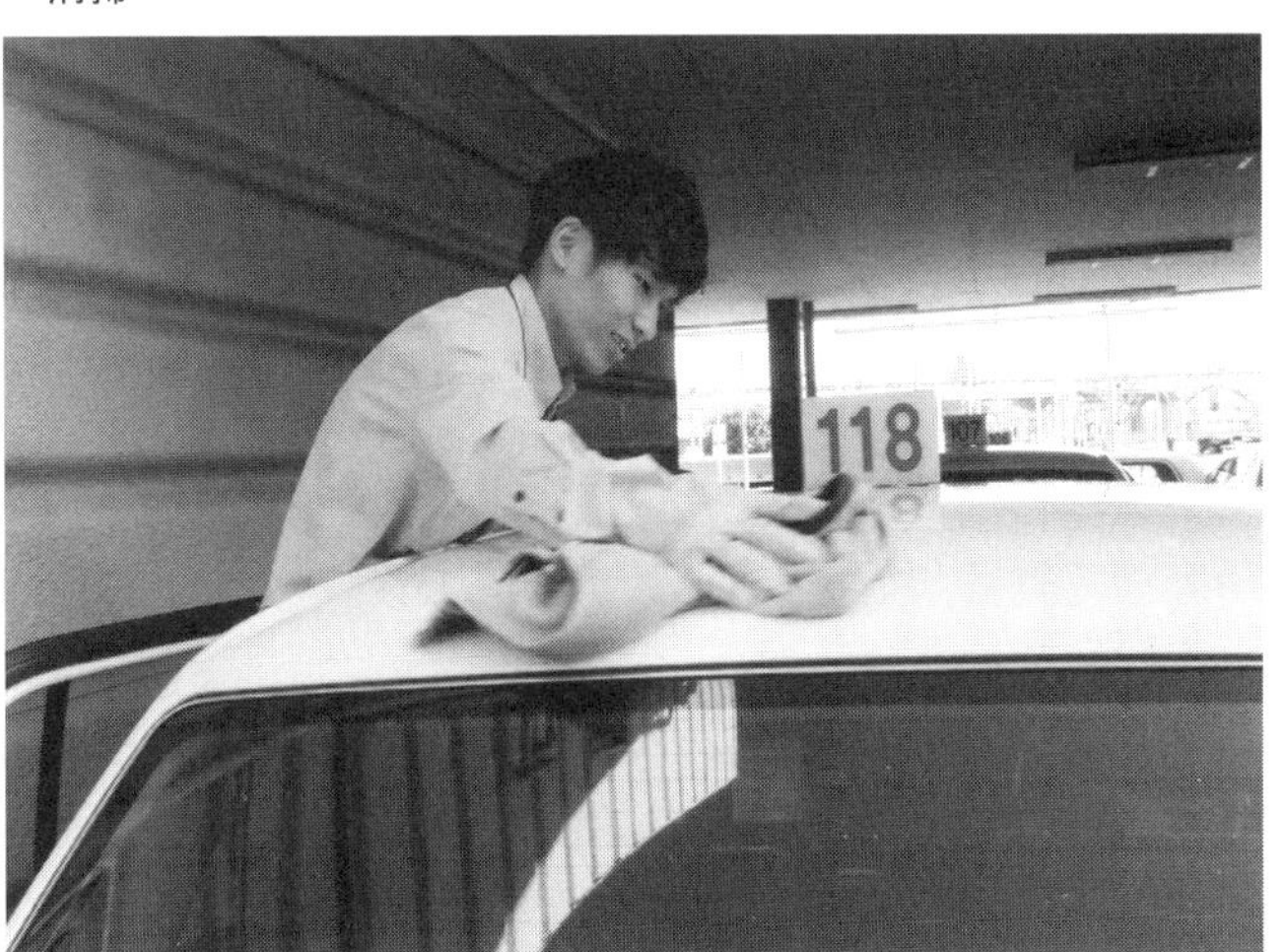

環境整備を実施していくことで、私の目指す、社員たちが気持ちを一致させ、ベクトルを揃えて仕事をする会社へと成長しうる可能性があるわけです。

そのためにも、環境整備を当校でも導入し、定着させていきたいと私は強く感じていました。

1年半かけて「環境整備」の土壌づくりをする

●まずはたった1人で環境整備を始める

ここからは、環境整備の導入・定着を当校がどう進めていったのかについて述べていきます。

当校が本格的に環境整備を開始したのは、2013年5月のことです。2011年7月に武蔵野さんの「実践経営塾」に通い始めてから2年近く経ってからでした。

なぜ、それくらい時間がかかってしまったのかというと当初は経営計画書も、環境整備も社内で共通の言語、価値観になっておらず、小山さんからの指導もあり、しっかり幹部が勉強してから導入しようということになりました。

ただ、この2年近くの間、環境整備についてまったく着手していなかったわけではありません。

最初は、社員に何も言わず、試しに私ひとりで始めてみることにしました。毎朝20分、事務所の私の机の引出の中を整理することにしたのです。社員たちからは「社長がまた変な宗教に入ってしまった」「厄介だな……」と思われていたようです。

さらに、2011年11月の第4回・高石アカデミー（この研修については、第4章で解説します）でも、環境整備をテーマの1つとして取り上げました。

武蔵野の矢島さんの著書『会社は「環境整備」で9割変わる!』（あさ出版）をテキストに、次の「お題」を出して、各チームでプレゼンテーションをしてもらうことにしたのです。

【お題】

「この本に出てくる環境整備を成功させるために知らねばならない「9つの原理原則」に対し、過去の捉え方及び今後の考え方を「ビフォー&アフター」でチーム発表してください」

それ以降、年2回(6月・11月)の高石アカデミーでは、何らかの形で環境整備を取り上げていきました。

●現場のリーダーたちが研修に参加。「武蔵野流」を体感する

そして環境整備導入に合わせて、2013年5月には、現場においてリーダー的な役割を担っていた大谷哲司校長、丹羽清課長、田頭正雄課長の3人に、武蔵野さんの「実践幹部塾」に参加してもらうことにしました。当校の社員では初めての武蔵野

さんの研修参加です。

この研修では、武蔵野の役員の方々（小山社長や矢島専務など）が講師を担当され、参加者は幹部としての心構えや、環境整備の概要とその実践などを5カ月にわたって学ぶことになります。

それまで、幹部たちも私から何度も「環境整備」という言葉を聞き、それに関する矢島さんの著書も読んだものの、社員たちいわく「いまいち、どういうものかわからなかった」そうです。

ところが、この研修に参加し、武蔵野さんから直接、「環境整備」についての講義を受け、さらに実技までみっちり指導してもらったおかげで、「環境整備とは、こういうことなのか」とようやく腹落ちできたといいます。さらに、私がなぜ環境整備を導入したいと思っているのかについても理解してくれたようでした。

社内にこうした理解者を得られことは、私にとっては追い風です。プレミアム・ハイスピードを導入したときもそうでしたが、現場のリーダーたちが私と同じ方向を向いてくれていれば、現場への導入もスムーズに進めていきやすくなります。

2013年5月、「物的環境整備定着プログラム」と題して、武蔵野の矢島さんに当校での講演、ならびに掃除の講義をお願いし、本格的に環境整備をスタートすることにしました。なお、矢島さんのライブ単独講演は、当校が最後という貴重な機会になりました。

●1日で5トンの中型トラックいっぱいの「不要なもの」を捨てる

まず取り組んだのは物的環境整備です。最初に、社員全員で事務所の「整理」（つまり不要なものを捨てる）を実施。なんとこのとき、**1日で5トンの中型トラックがいっぱいになるくらいに、ものを捨てました**。

それと同時に、**「環境整備チェックシート」**を作成。12のチェック項目をつくり、月に1回、私と幹部とで**環境整備点検**を行うことにしました。

また、社員たちには、各チームで向こう6カ月の環境整備実行計画を作成してもらい、それに沿って、**毎日7分**、環境整備を行ってもらうことにしました。

余談ですが、当校が環境整備を始めたことは、周辺のライバル校の間で話題になっていたようです。

当時の大谷哲司校長が、近隣の自動車教習所が集まる会合に出席したときのことです。**「高石さんの社長さん、騙されて『高いツボ』を買わされて、それを毎日磨かされているらしいね。しかも、もしそれを割ってしまおうものなら、社員はえらいことになるんだって?」**と真剣に聞かれたのだとか。

もちろん、「高いツボ」とは環境整備のことです。

環境整備は、「仕事をやりやすくする環境を整え備えること」だと述べました。小山さんはいつも、掃除はボランティア、環境整備は決められたことを決められた通り実行する「戦略」で、2つは似て非なるものだと言います。

社長が勉強していないとき、つまり昔は私も、掃除イコール環境整備だと考えていました。このとき自分や幹部、社員が環境整備を勉強する重要性を、あらためて感じたことを覚えています。

その頃、当校は、まわりが「どこよりも安く」で競い合っているときに、値引きどころか、基本料金にオプション料金をプラスした「プレミアム・ハイスピード」で勝負を挑んでいました。まわりからすると「頭がおかしくなったのか？」という感覚だったと思います。

そして、今度は、「環境整備」とかいう訳のわからないことを始めたわけですから、ますます「高石の社長さんは、大丈夫なのか？」だったことでしょう。

会合から戻ってきた大谷校長から、この話を聞いたとき、私は吹き出しそうになるとともに、それだけまわりから警戒される存在になれたということで、これまでやってきたことは間違っていなかったと確信を得ました。

最初は「抵抗勢力」との根競べが続く

●環境整備に最初から熱心だった指導員たち

2013年5月に本格的にスタートした環境整備ですが、最初から社員全員がやる気満々で取り組んでくれていたわけではありません。

ただ、私にとってはいまだに当校の「7不思議」の1つなのですが、なぜか指導員のチームの大半が当初から物的環境整備に非常に熱心に取り組んでくれていました。

以前は、社長の私に面と向かって、「俺らのおかげで、社長は飯が食えるんだ」とか言っていた人たちが、です。

「『整理』とは、ものを捨てることです」と言ったら、不要なものをどんどん捨てていってくれました（先述した、「5トンの中型トラック」を不要なものでいっぱいにしてくれたのは、まさに彼らです）。

さらに、「整頓」にしても、日々の「清掃」にしても、「あれをしましょう」「これをしましょう」と、さまざまな提案をしてくれました。

もちろん、本音のところで、「ほんまに、こんなことやって、なんか効果あんのかな？」という部分もあったと思います。それでも「しゃあない、やるか」と取り組んでくれていたのです。これは本当にありがたかったです。


といっても、指導員チームの中にも、環境整備に抵抗を示す人たちはいました。

その1つが、女性の指導員の一部です。

彼女たちの担当は、2階の女子更衣室だったのですが、たとえば、月1回の環境整備点検の日になると、その部屋の鍵が必ず閉められしまい、何カ月も点検ができない状態が続いていました。これには、私も本当に困り果てました。

仕方なく、点検日以外にどんな状態になっているのか見にいってみると、案の定、いろいろなものが置きっ放し。そこで、「これを置くなよ」「あれを置くなよ」と注意するのですが、聞いてもらえずじまい。あまりの手ごわさに、この女子更衣室を、当時、私は「伏魔殿」と名付けていたくらいです。あとから聞いた話ですが、当時伏魔殿では、先輩が後輩を注意の名のもとでいじめていたり、さらにはそこで不倫疑惑まであったりと、まさに何でもありの伏魔殿でした。

この伏魔殿で、ようやく環境整備が進められるようになったのは、2016年頃。2013年当初は「なぜ、女子ロッカーまで点検に回るのですか？ 社長、セクハラです」という脅しに、私が屈していました。環境整備では「聖域」は設けてはならないとあとになって気づき、今日現在は、更衣室そのものを別の場所にしています。

そのほか、ベテランの指導員だけを集めたチーム（「親父の桃源郷」という名称のチームで、このチームの詳細については第5章で述べます）も、物的環境整備に対して、イヤイヤ取り組んでいるのがよくわかりました。

毎日の清掃にしても、月1回の環境整備点検にしても、ほぼやる気ゼロ。いつも面倒くさがって手抜きばかりしていました。なので、当然のことながら、毎月の環境整備点検では低い点数しか取れません。

「なんとかならないものかな……」と悩んだ私は、武蔵野の当社環境整備の初代担当である、小嶺淳本部長に相談。そこでアドバイスしていただき、それに基づきある「秘策」に出ました。

すると、その方法は彼らにはかなりフィットしたらしく、彼らのやる気に一気に火がついたのです。それ以降、親父の桃源郷チームの環境整備点検での点数がどんどん上がっていきました。

●最大最強の抵抗勢力となった教習サポート部

ただ、指導員の一部の抵抗はまだ易しいもので、社内にはそれ以上の、環境整備に対する抵抗勢力が存在していました。教習サポート部です。

「プレミアム・ハイスピード」の導入に際しては、お客様のスケジュールづくり等で大奮闘してくれた教習サポート部ですが、環境整備においては、社内最強の抵抗勢力としてわれわれ推進派の前に立ちはだかったのです。

その中心となったのが、当時、教習サポート部のリーダー的な存在だった女性社員です。「私たちは掃除するために、この会社入ったんちゃう。私たちはもう十分、『カイゼン』をやっています」と主張。リーダー格の彼女がこの姿勢なので、その力関係ゆえに他のスタッフも従わざるを得なかったようで、教習サポート部だけがまったく環境整備に取り組んでくれなかったのです。

毎月の環境整備点検で満点120点に対し、70点や50点を取っても、そもそもやる気がないので、「あっ、そう」と一切無関心。「来月は挽回しよう！」と奮起する気配はまったくありません。また、スタッフたちに勉強をさせていないので、環境整備の意味がわかっていない。毎日7分の掃除にも、前向きに取り組んでくれる気配がありません。

私としても、この状態に対して、「どうしたもんだろう」と頭を抱えていました。

恥ずかしながら、この状況に私自身、何も手が打てないまま、月日だけが流れていきました。ところが、この女性社員が２０１４年末に退社することになったのです。そこから、教習サポート部が一気に変わりました。これまでとは打って変わって、環境整備にとくに抵抗感もなく取り組んでくれるようになったのです。

つまり、教習サポート部で環境整備に反対していたのは、そのリーダー格だった女性社員のみで、それ以外のスタッフは、ただそれに従わされていただけだったのです。社長である私が、その女性社員にうまく働きかけをできなかったことは反省しなければいけませんが、こうした偶発的な出来事によって状況が好転し、ホッとしました。

そして、それからの教習サポート部の環境整備への取り組みには目を見張るものがありました。なんと、その2年後の２０１６年には、毎月の環境整備点検で年間１位を獲得。それにより、２０１７年の経営計画発表会で見事、社長賞に輝きます。

この受賞で教習サポート部のやる気にさらに火がついたようで、これまで以上に環境整備に取り組み、なんと２０１７年も環境整備点検で年間1位を獲得し、２年連続社長賞となりました。

こうした教習サポート部の躍進に引っ張られるようにして、学校全体の環境整備が一層進んでいきました。

「確実に点数を取らせる仕組み」で、環境整備へのやる気を引き出す

●簡単に手に入る「アメ」で環境整備へのやる気を引き出す

先ほど、ベテラン指導員のチーム（以下、「親父の桃源郷チーム」）の、環境整備に対するやる気は、ある「秘策」によって火がついたと述べました。じつは、教習サポート部が環境整備に積極的に取り組み始めたのも、この「秘策」が大いに関係しています。

どんな秘策かというと、次の2つです。

①毎月の環境整備点検において、確実に点数を取れるようにする
②ある得点に達した人には、「ごほうび」を出す

これを簡単に言えば、超えるべきハードルをかなり低めにして、そこを超えれば「アメ」がゲットできる仕組みを用意して、環境整備へのやる気を引き出した、というわけです。

毎月の環境整備点検をスタートした当初、最初に作成した環境整備のチェックシート通りに点数をつけていったら、どのチームもなかなか点数が取れない状態でした。そして、毎回毎回、「点数が低い」という状態が続けば、本人たちもやる気をなくしていきかねません。かといって、チェックする側が採点を甘くするわけにもいきません。

そこで、武蔵野さんの担当者の方に、「どうやったら点数が取れるようになりますかね」と相談したところ、アドバイスされたのが、**「点検するエリアをグッと狭める」**でした。

つまり、各チームが担当しているエリア全体を点検するのではなく、たとえば「棚」の整頓であれば、今月はA棚の上段・左側を、来月はその右側、再来月はA棚の中段・左側……という具合に、エリアを狭く絞って、そこだけを毎月点検していく、という方法です。

さらにその際、**「それ以外の場所はぐちゃぐちゃでも、目をつぶる」**というのが鉄則です。

環境整備点検は抜き打ちでチェックはご法度なので、実施日は事前に予告しています（毎年の経営計画書の「事業年度計画表」にも実施日を入れています）。そのため、点検日前日に「一夜漬け」で整頓することができます。点検日以外は多少グチャグチャでも、点検日に整頓されてさえいれば、しっかり点数を取ることができるわけです。

さらに、チェック項目も増やしました。最初は12項目でしたが、2020年現在、21項目になっています（固定の項目が18で、月替わりの項目が3）。

そうすることで各項目の配点が少なくなり、たとえ、1つ2つ点数のあまりよくな

■2020年

		環境整備チェックシート			
		szd点検日　2020年　6月　3日			
		部署名：インストラクター　　　　課			
		内　　　容	配点	評価	点数
1	礼儀	巡視の際、立って挨拶ができている。（名札をつけている。）	5		
2	規律	経営計画書販売数量計画に実績の記入はあるか	5		
3	規律	改善結果が表示されているか。(業務)	5		
4	規律	環境整備点検の作業分担表があり実績が記入されている。	5		
5	規律	テリトリーマップに実績が記入されている	5		
6	規律	実行計画の実績が記入されている。チェックの写真が貼ってある。	5		
7	規律	前回点検時に社長が指示した課題を実施したか。(お客様)	10		
8	整頓	実行計画が４点止め（４角）にきちんと止められているか	5		
9	整頓	課別ロッカーが整理整頓されているか。(私物がないか、エリアをはみ出さず立てられているか	5		
10	整頓	机の中はサンペルカで整頓されているか、文房具の向きが揃っているか、きちんと表示されているか	5		
11	整頓	環境整備の道具ロッカーとテプラ置き場机の上(共通)	5		
12	整頓	インストラクタールーム入口の傘立てがルール通りに管理されているか	5		
13	整頓	ドライブレコーダーの録画忘れが無いか	5		
14	整頓	教習車のエヴェッサとSDDのマグネットが水平に貼り付けられているか	5		
15	整頓	ロッカーから私物が出ていないか。ロッカーに17枚以上写真がはられているか。	5		
16	清潔	教習車 (普通車)　がきれいか(車内外)12号車	5		
17	清潔	教習車（無線車/特車）　がきれいか(車内外) 奇数は特車　偶数は無線車	5		
18	整理	床にゴミは落ちていないか	5		
19	整頓	在籍管理表の進捗状況及びポストイットの貼り方 平行、水平、垂直、直角、直線か	10		
20	整理	机の上に不要な物がないか	5		
21	全体	全体の印象　A１０点　B５　C０点	10		
		合計	120		

点数を取りやすい環境整備チェックシートに変更（2013→2020年）

■2013年

環境整備チェックシート

点検日　　　年　　　月　　　日

部署名：教習サポート

		内　　　容	配点	評価	点数
1	礼儀	巡視の際、挨拶ができている。（名札をつけている。）	10		
2	整頓	掲示物は水平で角（4箇所）がきちんと止められている。	5		
3	規律	改善結果が表示されているか。	15		
4	規律	環境整備の作業計画表があり実績が記入されている。またテリトリー地図に実績が記入されている。	10		
5	清潔	床が全面きれい。もしくは前日との差がある。	10		
6	整頓	文房具の向きが同じ。	5		
7	規律	実行計画が実績が記入されている。チェックの写真が貼ってある。	10		
8	清潔	ガラス・蛍光灯がきれい。不在時、電気が消えている。	10		
9	清潔	共通ロッカーの中が、整理整頓されているか。	15		
10	規律	経営計画書販売数量計画に実績の記入はあるか	10		
11	整理	更衣室がきれいか（私物が外に出ていないか）	10		
12		全体の印象　A10点　B5　C0点	10		
		合計	120		

い項目があっても、全体の点数への影響を少なくすることができます。

こうした、いってみれば環境整備点検の仕組みを「カイゼン」したところ、実際、各チームとも点数が取れるようになりました。今では、120点満点で100点にいかない結果になるチームはほとんどありません。

この「点検するエリアをグッと狭める」が見事にはまり、ものすごい勢いで点数を伸ばしていったのが、先述の親父の桃源郷チームです。

担当エリア全体をチェックするやり方をやめて、たとえば、「床」であれば、「この畳1畳分くらいの範囲を、徹底的に磨いてピカピカにしたら○にします」としたところ、徹底的に磨き込み、どんどん点数が上がっていったのです。

そして、点数が上がれば、当然、社内での注目度も上がっていきます。次第に、「親父の桃源郷、すごい！」とまわりの社員からの評価もぐんぐん上がっていきました。

人は、評価されれば、やはりうれしいですし、それを原動力にやる気に火がつきます。親父の桃源郷のメンバーたちに起こったのもまさにそれで、環境整備で結果を残していく中で、それまで若手に押され気味だったこのベテラン指導員たちが、元気を盛り返していってくれたのです。

これも、環境整備が当校にもたらした大きな成果の1つです。

●「100回帳」と「社長賞」で火がついた教習サポート部

次に、秘策のもう1つ、**「ごほうび」**について見ていきましょう。

環境整備を実施するに当たって、社長である私には、「バラバラになりがちな社員たちのベクトルを、同じ方向に揃えていきたい」という目的がありますが、社員からすれば、はっきり言って、そんなのはどうでもいいことです。

ですから、「社長が言い出したから、イヤイヤながら仕方なくやっている」というのが、環境整備に対する社員の本音だと思います。

しかし、この状態のままであれば、やはり継続するのは難しくなってしまいます。

「〇〇のため」という動機付けの部分がやはり必要です。

そこで、「ごほうび」を用意することにしました。具体的には**「100回帳」**によるごほうびと、**「社長賞」**の授与です。

「100回帳」とは、当校では、「早朝勉強会に参加した」「残業時間が昨年同月と比べて30％以上減」「卒業時のありおめレポートの提出」など、さまざまな機会を通じて「ハンコ」を付与。それを100個ためると、もれなく**5万円の旅行券**をプレゼントする、としています。

環境整備点検もハンコ付与の対象で、チームが120点満点を獲得すればハンコ3つ、110点以上ならハンコ2つ、100点以上ならハンコ1つがもらえます。ということは、12カ月すべて満点であれば、12×3で36個のハンコがゲットできるわけです。

もう1つの社長賞ですが、これは、「環境整備点検の年間合計が最高得点だった部門が受賞できる」というものです。毎年1月の経営計画発表会で表彰を行い、賞品は

100回帳で釣って環境整備を浸透させる

5万円の食事券です。

ごく限られたエリアを「一夜漬け」で徹底的に整頓すれば、点検でハンコがもらえて、5万円の旅行券ゲットに近づけて、かつ社長賞となれば、5万円の食事券を手に入れられる！

これらが動機付けとなってやる気に火がついたのが、私の見たところ、教習サポート部。川西ひとみ課長、川本恵美、片岡有沙、南山若葉、植村菜央、宇野由華、宮西紗由記の面々です。

彼女たちは、この点数の取りやすさを見事に「悪用」（冗談で、私はよくこう表現しています）して、かなりの頻度で旅行券をゲット。さらに、2016年と17年の2年連続、社長賞も受賞しています。

片岡有沙は、環境整備の取り組みを次のように振り返ります。

「私が入社したときには、環境整備はすでに始まっていて、入社してすぐに『うちの会社では環境整備というのをやっています』と言われたとき、『なに、それ?』でしたね。内容の説明を受けても、『掃除をすることなのかな』くらいの認識でした。

その後、実際に社内での環境整備の活動を続け、さらに武蔵野さんの現地見学会や研修等に参加させていただく中で、『整理、整頓、清掃、清潔ということも大事なんだな』と、内容をだんだんと理解していったという感じです。

ただ、理解はしていても、実際のところ、『イヤイヤながら仕方なくやっていた』というのが本音で、正直、今でもそんなところはあります。旅行券のためにハンコをためたいからとか、社長賞の賞品である食事券がゲットしたいからとか、そういう動機があるから『まあ、やろうかな』という気持ちになれる……というか。こんな具合に、何か目標がないと、なかなか続けられないと思いますね。

とはいえ、環境整備をやり続けることで、『仕事をやりやすくする環境』がつくれるのは間違いないと思います。

『定位置管理』の意識をみんなが持つようになったことで、事務所内がごちゃっとしなくなりましたね。それに、ものが必ず元の位置に戻されるようになったので、無駄にものを探すことがなくなり、仕事の効率も上がったと感じます。緻密なスケジュールづくりができるのも、もしかするとこの環境整備の習慣が関係しているかもしれないと思うときもあります。

2年連続で年間合計がトップになったのは、正直、とくに何かをした……というわけではないんですよ。実際、点検日前日になってバタバタ動き出すというのを毎月繰り返していた感じで……。これは今もほとんど変わっていませんが。

ただ、旅行券とか食事券は何としてもゲットしたいという思いがあるので、点数を取るために『点検個所は完璧にする』という意識は部内で共有できているように思います。それと、トップになった年は、『あともうちょっとで1位になれるんや』と思ったら、『もうちょっとなんやし、やろうや！』みたいなムードは部内にすごくありましたね。そもそも教習サポート部は負けず嫌いな人が多いので、みんな『やるときは、決して手を抜かない』という姿勢で取り組む傾向が強いと思います」

●環境整備を軸にチームのコミュニケーションが進む

当校のこうしたやり方に、「そんな邪な動機で環境整備に取り組んでいいのか」と眉をひそめる方もいるかもしれません。しかし、私は**「いい」**と思っています。

「旅行券」や「食事券」が動機付けになっているかもしれませんが、実際の教習サポート部の環境整備の取り組みを見ていると、日々、メンバー間でコミュニケーションを取りながら、あれやこれやと工夫しながら進めてくれています。このことは日々の仕事でも言えて、非常にまとまりのあるチームとなってきています。

こうした組織をつくっていくことは、まさに環境整備を実施する目的と合致しています。小山さんもよくおっしゃっていますが、社員はそもそも環境整備をするのが嫌なのです。その嫌なことをしてもらうわけですから、「仕方ない。やるか」と思ってもらえる仕組みがやはり必要です。

それが当校では、点検での点数を取りやすくしたり、点数をたくさん取れば、旅行券や食事券などの「ごほうび」をプレゼントする、という仕組みなのです。

ちなみに、2020年からは「アメ」だけでなく、「ムチ」も用意することにしました。

環境整備点検において、半期で3回以上90点以下だったら、所属する課・班全員が反省文を提出。4回以上だと全員始末書&評価ダウンです。

90点以下が半期で1回だったら、「そういうこともたまにはあるよな」です。しかし、それが3回もあると、さすがに「なぜうまく進められないのか、チームとして考えてほしい」となります。その機会として、反省文を書いてもらうわけです。

実際のところ、現在は、90点以下というのはめったに起こらなくなっているのですが、「アメ」だけでなく、「ムチ」の仕組みも整え、両者をバランスよく運営していくことが、環境整備の長期的な継続においては大切だと考えています。

「環境整備」の積み重ねで、変化対応が迅速な組織に

●続けていれば、いずれできるようになる

２０１３年5月に環境整備をスタートし、２０２０年現在、8年目に突入しています。継続してきての効果は、いろいろな場面で実感します。

はっきり目に見える効果は、なんといっても事務所がきれいになったことです。

前項でも述べた通り、当校の環境整備では、毎月の点検でチェックするのは、ものすごく狭いエリアでの整理・整頓・清潔です。また、毎日7分間の環境整備でも、きれいにするのは、これまたものすごく狭いエリアです。

ただ、その部分を、環境整備の時間には徹底的に磨き込んでもらいます。すると面白いことに、時間とともに全体がだんだんときれいになっていくのです（次ページ参照）。

たとえば、インストラクタールームの床は、環境整備を始める以前、ものすごく汚かった。長年の汚れが何層にも積み重なって固まり、ちょっと掃除したくらいでは取れないくらいになっていました。

それが、1回の環境整備で掃除をするのは新聞紙1枚分と限定し、そのエリアだけを徹底的に社員たちに磨いてもらいました。それを繰り返すうちに、頑固な汚れがだんだんと剥がれ落ち、今では本当にピカピカの床になっているのです。

武蔵野の当時の担当者、松渕史郎部長に「点検する（社員からすると「きれいにする」）範囲を狭める」とアドバイスされたものの、内心では「こんなペースでやっていて、事務所の環境整備は本当に進むのだろうか」という思いもありました。

そんな私の焦りを感じ取ったのか、小嶺本部長や松渕部長に「急がないでください

環境整備でこんなにきれいに！

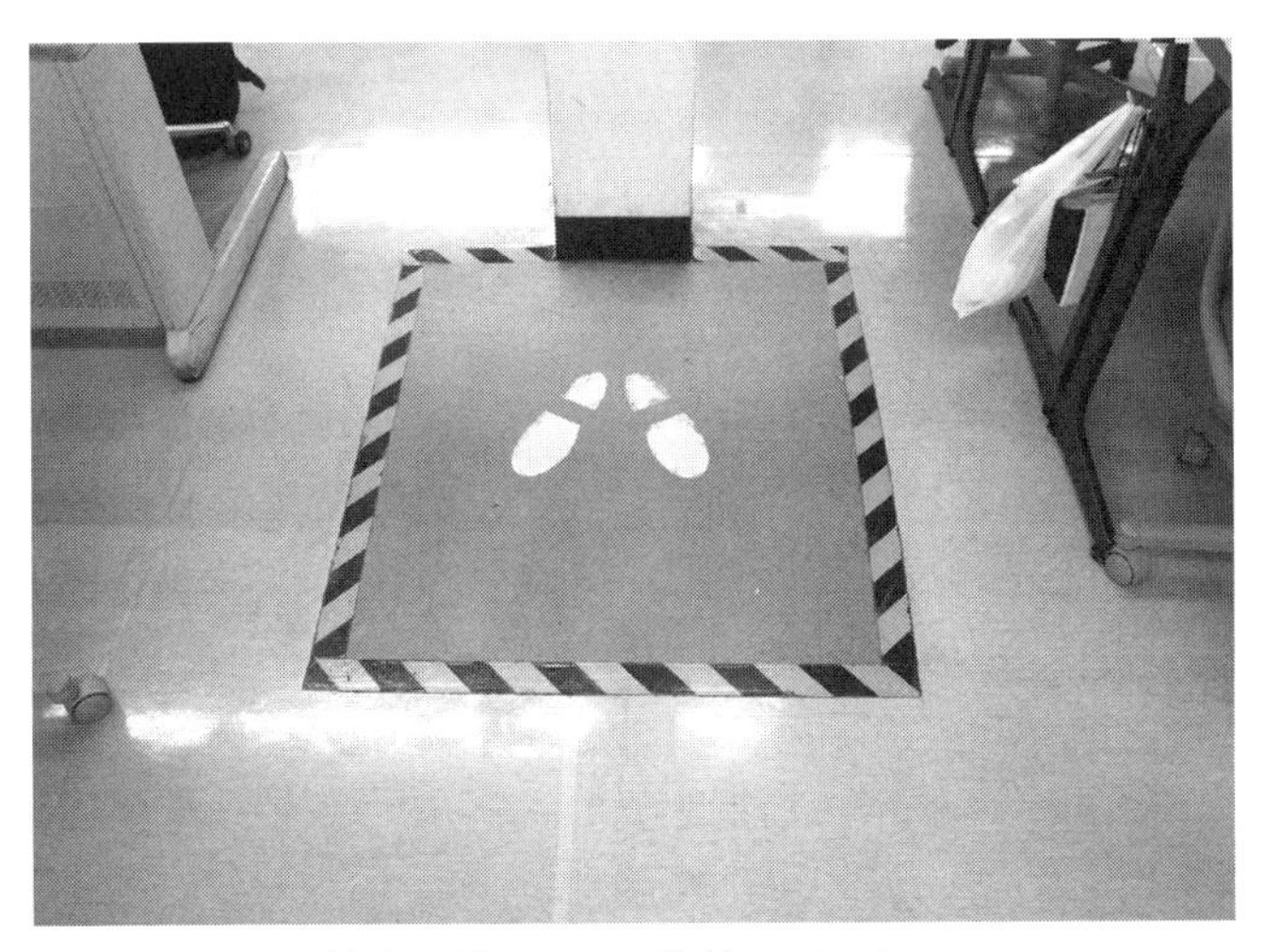

枠内＝ビフォー、枠外＝アフター

ね」とよく言われたものです。

そして、そのアドバイスに従い、社員たちの、本当に1枚1枚重ねていくようなゆっくりとした環境整備の歩みを見守り続けました。すると本当に、時間とともに事務所全体がきれいになっていきました。

この経験を通して、**「続けていれば、いずれできるようになる」**ということを、私自身、大いに学ぶことができました。

●雑談をしながらの環境整備が社内のコミュニケーションを生む

そのほかの大きな効果として、次の2つを強く感じています。

①社内のコミュニケーションがよくなる
②変化への対応が格段に速くなった

物的環境整備を進めていく中、事務所がきれいになっていくだけでなく、社内のコミュニケーションがどんどん活発化していくのも感じます。

その要因を推測するに、毎朝7分の掃除にしろ、環境整備点検前の一夜漬けにしろ、「手を動かしつつ、ペラペラとおしゃべりをしながら進めてください」と、社員たちに繰り返しお願いしたことが大きかったのではないかと考えています。話題が思い浮かばなかったら、それこそ私への文句でも、とにかく口と手を動かしましょうと伝えたのです。

これは武蔵野さんからの指導でもあります。武蔵野さんでは、環境整備を「社員同士がコミュニケーションを取る場」と位置づけていて、当校でもそれをパクらせてもらいました。

そして、こうした、毎日、7分のチーム内での雑談を通じ、チーム内、さらには社内全体のコミュニケーションがよくなっていきました。

自動車教習所の社員というのは、たとえば、インストラクターであれば、繁忙期には12時間ぐらい会社にいますが、その大半はお客様へ教習して過ごしますから、社員同士が顔を合わせて話す機会はあまりありません。その上、当校の場合、私が武蔵野に入会する以前は、社員同士の飲み会はほとんど行われていませんでした。

そのため、社員同士が積極的にコミュニケーションをとり合えているとは、決して言えない状態だったのですが、物的環境整備に取り組むようになってから、この状態が少しずつ変化していったのです。

実際、毎日、少なくとも7分は、環境整備を通じて、同じチームのメンバーと、仕事以外の雑談を交わすわけです。自ずと相手のことが理解できるようなっていきます。また、「相手とコミュニケーションをとる」ということへの抵抗も薄らいでいきます。

その結果、お互いに積極的に話をするようになり、チームの、さらには社内の風通しがどんどん良くなっていったのです。

●変化対応がしやすい組織へと変わりつつある

そして、もう1つの「変化への対応が格段に速くなった」ですが、これは私が環境整備の効果として、もっとも強く感じていることでもあります。

私は、自分でも認めますが、社員に無理難題をお願いすることが多々あります（経営計画書にも、毎年、「無理を承知で皆さんに協力をお願いいたします」と記しているくらいです）。とりわけ、武蔵野さんで経営の勉強をさせていただくようになってからは、さらにその傾向に拍車がかかっています。

しかし、ここ数年の社員たちの変化として感じるのが、こちらの無理難題に対して、イヤイヤながら仕方なく、それでもすぐに動いてくれるようになってきている、ということです。「まあ、しゃあないから、やったろうやないか」という具合に「やめる」ではなく、**「やる」という方向で動いていってくれる**のです。

このことは、社長の私としては、本当にありがたい限りで、かつ、これは当校の強みだと感じています。

人はそもそも変化を嫌う生き物です。本能的に変化を避けたがります。そして、自動車教習所の業界はとりわけその傾向が強いと思います。

しかも、自動車教習所の指導員というのは、「俺たちが教習しているおかげで、会社は利益を得ている」という意識が強く、経営者に対してもつねに強気だったりします。そのため、たとえば、経営者が変革に取り組もうとしても、社員から猛反発を食らって断念する、ということがしばしば起こりがちです。

とりわけ、昔からいる幹部社員ほど、変化を嫌う傾向が強く、会社が新しいことにチャレンジしようものなら、それに伴うリスクを次々と大きな声で挙げて、なんとかその流れを阻止しようとする、というケースが多々あります。

当校が「プレミアム・ハイスピード」を導入できたのも、今思えば奇跡に近く、現場のトップたちが、幸いにも経営者である私と危機感を共有してくれて、私と同じ方向を向いて、カイゼンに取り組んでくれたからです。

そして、環境整備を通して、こうした姿勢は、現場のトップたちだけでなく、社員1人ひとりにも広がってきていると感じています。

環境整備の積み重ねが、そうした社員たちをつくり出していってくれたのだと思いますし、それが今の当校の強みなのだと自負しています。

社長に求められるのは、「言い続ける、やり続ける、粘り続ける」

●社員は社長の話なんて基本的に一切聞いていない

環境整備へのやる気を引き出すため、当校が取った2つの秘策について紹介しました。当校で、環境整備が定着していった要因として、これらは非常に大きかったのですが、それと同じくらいに、手前みそではありますが、**私自身が社員たちに対して根負けしなかった**ことも大きかったのではないかと感じています。

私はじつはプロレス好きでして、こうした根負けしない社長の姿勢を、プロレス界のレジェンド、アントニオ猪木になぞらえて**「社長の燃える闘魂」**と言っています。

経営計画書や経営計画発表会にしても、環境整備にしても、それを社内に定着させ、その導入の目的を達成していこうと思ったら、**「同じことを言い続け、やり続け、粘り続ける」**。それに限ると思います。

言い続けるというのは、経営計画書に書かれている方向や方針です。

やり続けるというのは、環境整備です。

粘り続けるというのは、それらを社員たちが習慣として実践してくれるようになるまで根負けせずに、あの手この手を使っていく、ということです。

たとえば、環境整備で整頓するエリアを小さくすれば、1つの棚がきれいに整頓されるまでに6カ月くらいかかってしまうかもしれません。たいていの経営者はそこで根負けしそうになります。

でも、そこは忍の一字で、6カ月間粘り続ける。すると、本当に1つの棚がきれいになるのです。それを見るまで、決して経営者は諦めてはいけない。

また、社員は経営者の話なんて、基本的にまったく聞いていません。

武蔵野の小山さんが「聞かないのがまともな社員」という話をよくされますが、最初にその言葉を伺ったとき、正直なところ、「そんなことはないだろう」と思っていました。ところが、その通りでした。

実際、1月頭の経営計画発表会で話したのとまったく同じ内容を、2週間後の政策勉強会で話すと、その後の社員アンケートでは**「そんなことがあるのだと、初めて知りました」**といったことが非常に多く書いてあるのです。最初にそれを読んだとき、「あれ？」と思いましたが、そういうことがしょっちゅう起こるので、「ああ、私の話なんて聞いてないんだな」と、ようやく理解しました。もちろん、そのときは、聞いているかもしれません。でも、3日もすると忘れてしまうのです。つまり、1回、言っただけでは、脳に定着しないのです。

ですから、しっかり覚えていてほしいことは、何度何度も繰り返し言う必要があります。

それを続けるうちに、**「社長、また同じことを言っている」と思われるようになったら、その内容が社員たちにやっと定着してきている証拠**です。

それまでは、しつこく同じ話をし続ける。

定着してくれるまで、粘り続けるわけです。

●社長が社員に勝ち続けるには「根負けしない」が鉄則

先ほども述べましたが、自動車教習所というのは、基本的に社員のほうが経営者よりも強い。しかし、そこで経営者が社員に負けてしまっていては、会社のカイゼンは絶対に進みません。

では、社長が、こうした強い社員たちに勝ち続けるためには、どうすればいいのか。

武蔵野さんでいろいろ学ばせていただき、かつ自分のところでも経営計画書を作成したり、経営計画発表会を実施したり、環境整備を行ったりしていく中でたどり着いた答えは、**「言い続ける、やり続ける、粘り続ける」**です。

これを私は、武蔵野の矢島さんの言葉を真似て、勝ち続ける社長になるための「宇宙法則」と呼んでいます。

社長がこうした姿勢で忍耐強くカイゼンに取り組んでいけば、会社は必ず変わっていくと、私は信じています。

■コラム3　環境整備に関する方針

環境整備の導入によってもたらされた効果について、すでにこの本の中でいくつか述べましたが、最近、新たに気づかされた「効果」があります。

それは、日々の環境整備の実践は、指導員たちが自動車学校の「教習」を着実に遂行していく上で有用な訓練になる、ということです。

環境整備では、毎月1回の環境整備点検のほかに、毎日の掃除も行いますが、当校でも、経営計画書に「計画を立てた所を毎日必ず7分間行う」と規定。社員たちに取り組んでもらっています（本家本元の武蔵野さんが毎朝30分なのに対して、7分とはかなり短い掃除時間ではありますが……）。

「毎日の掃除」では、「月曜日は床を磨く」「火曜日はトイレ掃除をする」「水曜日は蛍光灯をきれいにする」という具合に、各グループで計画を立て、それを日々、実践してもらっています。言ってみれば、「決められたこと」を、「決められた場所」で、「決められた通り」に実践しているわけです。

これがじつは、「教習」という仕事に相通じているのでは、ということに最近、気がついた、というわけです。

教習では、学科教習、技能教習ともに、1回ごとの習得すべき項目が具体的に決まっており、指導員はそれらを1回50分の教習できちんとお客様に教えなければいけません。つまり、「決められた内容を、決められた通りに教える」というスキルを持つことが指導員には求められるのです。

「決められたことを、決められた場所で、決められた通りに実践する」1日7分の掃除。「決められた内容を、決められた通りに教える」教習。いかがでしょう。かなり重複していますよね。

1日7分の掃除では、これを毎日、繰り返していきます。その結果、知らず知らずのうちに、「決められたことをきちんとこなす」というスキルが体に染み込んでいき、日々の教習にも生かされていく、というわけです。

さらに、1日7分の掃除の効果について、もう一つ、発見もありました。それは、決められたことをきちんとこなしていくことが社員たちの元気につながっている、ということです。

たぶん、決められたことを一つひとつこなしていったときの達成感が「小さな成功体験」となり、その積み重ねがモチベーションアップにもつながっているのでしょう。

いずれにしても、環境整備のうれしい副産物です。

第４章

人が集まる社員教育

社内のコミュニケーション促進のために始めた高石アカデミー

●「合宿研修」で一体感の醸成を狙う

当校は現在、人件費のほぼ10％（金額にすると、1年3000万円前後）を教育研修費が占めるというくらいに、社員教育に積極的に取り組んでいます。

そのきっかけとなったのは、武蔵野さんとの出会いです。2011年7月に「実践経営塾」に参加して以降、さまざまな研修で学ばせていただく中で、「社員教育」の重要性を強く感じるようになったのです。

そこで、2013年以降、社員教育にかけるお金も時間も増やしていきました。

その意味で、2013年は当校にとって「社員教育元年」ともいえるでしょう。

ただし、じつはそれより以前に、いまや当校の定番になっている研修をスタートさせています。それが**「高石アカデミー」**です。2010年6月のことです。


この研修をスタートしたきっかけは、第1章ですでに触れましたが、「プレミアム・ハイスピード」の導入からしばらく経った頃、社員の気持ちがどんどんバラバラになっていっているように感じたからです。この状態を何とかしなければと思ったときに、いろいろな方のアドバイスもあって、「宿泊を伴う研修会をしてみてはどうか」と考えました。会社以外の場所で社員が集まり、そこで一緒に勉強し、夜には懇親会を開いて一緒に飲んだり食べたりする。こんな具合に場所と時間を共有することで、お互いにコミュニケーションを深め、高石自動車スクールとしての一体感が生まれるきっかけになれば……。そう考え、さっそく合宿研修を実施することにしました。

場所は有馬温泉のプリンセス有馬という会員制のホテル。私がプリンセス有馬の社長と長いお付き合いがあり、無理をお願いして決定。社員を3グループに分けて、日程を1週間ずつずらして1泊2日での高石アカデミーを実施したわけです。
このときの研修内容は、左ページの通りです。

●「聴いて学ぶ」より、「動いて学ぶ」に重点を置く

第1回目は「初回」ということもあり、社員たちも「研修」に慣れていません。そのため、「お招きした外部の講師の講義を社員たちが聴く」という形のものが、全体の半分近くを占めました。

とはいえ、私がこの研修を実施するそもそもの目的は、社員同士のコミュニケーションを深め、一体感を増してもらうこと。そこで、残りの半分は、社員たちが「グループで共同作業をし、それを発表する」という形の研修にしました。グループのメンバー同士で協力して何か1つのものをつくり上げていくことを通して、社員たちの心の距離が縮まっていくことを期待したからです。

懇親会はみんな静かで、黙々と夕食を食べ、よそよそしい感じでしたが、プリンセ

第１回高石アカデミープログラム

【1日目】
13：00～14：50
・サウスウエスト航空ＤＶＤ鑑賞
・自己紹介／開会挨拶
（外部講師による講演）
・「自動車教習所を取り巻く世界」
・U自動車教習所「カイゼンの軌跡」
・U自動車教習所「教習時間短縮P」
14：50～15：00　休憩
15：00～16：00
（外部講師による講演）
・セクハラについて
16：00～16：10　休憩
16：10～17：30
・ハローワーク研修発表
18：00～19：00
・温泉入浴
19：00～
・懇親会

【2日目】
8：30～9：50
・サウスウエスト航空ＤＶＤ鑑賞
・「クレド作成／発表会」
9：50～10：00　休憩
10：00～11：00
・クレド作成／各人感想発表
11：00～
・帰校後、解散

ス有馬で出してもらった料理が本当においしく、第1班が帰阪後、そのことが話題になり、食事に釣られて社員が来るようになりました。まさに矢島専務がよく言われる「飲食は人をゆるます」という原理原則を体感しました。

この第1回目の研修は、ある程度、私の期待通りになりました。

第1回目の高石アカデミーの成功に味を占め、同じ年の12月に第2回を実施。その後も、年2回のペースで行っていくことにしました。

その中で、次第に、外部講師をお呼びしての講演の時間は減っていき、現在は、社員が自分の頭を使い、体を動かして行っていく内容がメインになっています。

たとえば、社員たちがグループでまとめたものを発表したり、チームで環境整備の実行計画を作成したり、教習や受付など、さまざまなシチュエーションでのロールプレイングに挑戦したり、などです。

環境整備等で、社内のコミュニケーションレベルがかなりよくなってきていることもあって、毎回、非常に盛り上がる研修となっています。

高石アカデミーで学び、懇親を深める

気がつけば、武蔵野の「実践社員塾」が指導員参加必須の研修に

●最初は現場のリーダー3人が参加

当校では現在、外部の企業・団体等が実施する研修にも、社員に積極的に参加してもらうようにしています（もちろん、費用は会社が出しています）。

その1つが、武蔵野さんが実施している各種研修です。中でも**「実践社員塾」**は、いまや指導員全員が参加経験者であり、2013年からは、新人研修の項目の1つとして、新入社員は全員、実質強制参加となっています。

後述しますが、この「実践社員塾」の参加経験者が増えていくに従い、会社の雰囲

気がいい意味で大きく変わりました。

それは、この研修に参加して、武蔵野流にみっちりしごいていただくことで、社員の「仕事」に対する意識に変化が起こったからです。その意味でも、当校にとって現在、この「実践社員塾」は社員教育の重要な場となっています。


とはいっても、指導員たちすべてが実践社員塾に参加するという流れを、私が最初から目論んでいたわけではありません。事実を告白すれば、たまたま運よく、そういう流れになっていったのです。

最初にこの研修に参加したのは、現校長の村上一校長、丸山典生副校長、契里照幸課長の3人でした。

きっかけは、私の思い付きです。

当時の私は、経営計画書・経営計画発表会をなんとか始動させ、「次は環境整備だ」と、その準備を着々と進めていました。その一環として、次のリーダー候補たちに、「環境整備とは何ぞや?」を理解してもらう必要があると、彼らに実践社員塾に参加してもらうことにしたのです。

私からどんな研修かロクに説明もしてもらえないまま、私に勝手に申し込まれて、彼ら3人は「訳がわからない……」という様子で、東京の研修会場に向かいました。期間は1泊2日です。このときに参加した村上一は現校長、丸山典生は現副校長ですから、人生はわからないものです。

戻ってきた彼らは、カンカンに怒っていました。帰社するなり、私のところに来て、**「そんなん、聞いてへん！　俺らだけこんなつらい思いさせて」**と苦情たらたらです。

実践社員塾の内容は武蔵野の役員（滝石洋子常務取締役）が講師を担当されて、社会人としての「基本」をみっちり叩き込まれる研修です。研修内容には、トイレ掃除や、街に出て見ず知らずの人に名刺を渡すといった実技研修もあります。

そして、参加者のメインは、社会人になってまだ日の浅い20代前半～半ばくらいの若者です。一方、こちらから参加した3人は、40代～50代のベテランたちです。まわりとの年齢ギャップでの居心地の悪さもあったでしょうし、さらにはトイレ掃除までさせられたわけです。社会人としてかなりの経験を積んできている彼らからすると、これらにはかなりの抵抗を感じたと思います。

●参加した3人が次の3人を指名するという流れに

そんなわけで、そんな研修に参加させた私に、彼らは「自分たちだけ、こんなしんどい思いをさせて！」と怒り心頭です。そんな彼らのあまりの迫力に引き下がりながら、私が言ったのは、**「そんなん言うんやったら、次の3人を指名してください」**でした。

すると、彼らはすかさず、「ほんなら、□○と、▽◇と、○△」と3人を指名。「ならば」と、次の実践社員塾には指名された3人に参加してもらうことにしました。

すると、案の定、彼らも怒って東京から戻ってきました。そして、前回の3人同様、「俺らだけやったら納得できません」と次の3名を指名。その3名も実践社員塾に参加することになり、戻ってきたら当然のごとく次の3人を指名。……という具合に、気がついたら「参加後は、次の3名を指名」という流れになっていたわけです。

その結果、あっという間に当校の指導員全員が、実践社員塾に参加済という状態になっていました。

そして、2014年からは、この実践社員塾が新人研修の1項目となり、新入社員は全員が強制参加となったわけです。


ちなみに、実践社員塾の参加費は**1人30万前後プラス交通費**と、かなり高額での研修です。もちろん、会社が全額負担しています。この研修で大いに学んで、大きく成長してくれることを期待しての、これは先行投資です。

そして、そのことを身に染みて感じてもらうべく、参加費の支払いについては、社員本人に振込に行かせています。

30万円といえば、それなりの厚みになります。その厚みをしっかり体感してもらった上で、実践社員塾に参加してもらっているわけです。

●武蔵野さんをパクった社内研修

社内研修として高石アカデミーを実施していることは先述しましたが、その他に、武蔵野さんが社内で実施されている研修をいくつかパクらせていただき、当校でも実施しています。

たとえば、次の研修です。

＊政策勉強会

これは、経営計画発表会で説明しきれていないことを話すための場であり、経営計画発表会で話した内容を、もう一度話す場でもあります。

武蔵野さんの場合、経営計画発表会に出席できるのは課長職以上と一部の社員さんのみのため、半期に1回（年2回）、それ以外の全社員（パート・アルバイトを含む）に経営計画書の方針を発表する場として、この勉強会を開催しています。

当校では経営計画発表会は全社員参加なので、理屈で考えると政策勉強会をする必要はないのですが、ただ、一度言っても、すぐに忘れるのがまともな社員です。大事なことを繰り返し話し続けなければなりません。そこで、政策勉強会を開いて、しつこく私の同じ話を社員たちに聞かせるわけです。

時期は、経営計画発表会が終わって2週間後くらい（毎年、1月末頃）と、4月です（つまり、社員たちは最低3回は、私から同じ話を聞かされるわけです）。

＊早朝勉強会

これは早朝に1時間ほど開かれる勉強会で、武蔵野さんでは毎朝、小山さんが自ら講師となって実施しているとのことです。テキストは、経営計画書と小山さんの著書、『仕事ができる人の心得』（CCCメディアハウス）。前半は小山さんの講義、後半は社員さんたちの感想タイムという構成になっています。

当校の場合、毎朝は難しいので、月に1～2回の実施となっています。内容はその時々によって異なるのですが、基本的には、小山さんの『仕事ができる人の心得』を

年２回、全社員で行う政策勉強会

読んだり、小山さんのＤＶＤを見たりした後に、それぞれ感想を言っていくという流れにしています。

じつは、小山さんが当社に来校されたときに、この早朝勉強会のライブでの講師をお願いしたことがあります。その際、小山さんから「『仕事ができる人の心得』から、解説してもらいたいワードを、社員さんに選んでもらってください」とのリクエストがありました。

そこで、社員たちからの希望を聞き、当日、もっとも希望の多かったワードの解説をお願いしました。社員たちからすると、自分たちの選んだワードですから、満足度が非常に高かったようで、その後、早朝勉強会の出席率が上がりました。ライブの力を改めて実感したエピソードです。

毎月行われる早朝勉強会

指導員全員の「実践社員塾」参加がもたらした、2つの大変化

●実践社員塾を活用して、環境整備研修をアウトソーシング

ここでは、武蔵野さんの「実践社員塾」が当校にもたらしてくれた大きな実りについて述べていきます。

実りの1つが、武蔵野さんから「環境整備」の意味を徹底的に叩き込んでもらえることです。言ってみれば、私たちは、武蔵野さんに環境整備の研修を「アウトソーシング」させていただいているわけです。

そして、その学びを通して、社員たちは「（イヤイヤながら仕方なく）環境整備を

やらなあかんな……」といった気持ちになっていってくれます。

さらに、この研修は基本的に毎回同じことを行うため、参加した社員全員がほぼ同じことを学び、同じ体験をして戻ってきます。そのため、研修経験者の環境整備に対する価値観が揃っていきます。その結果、**社員みんなが同じ方向を向いて、環境整備を進めていくことができるようになる**のです。

まさに、実践社員塾が、当校が環境整備を進めていく上での大きな推進力になってくれているわけです。

恥ずかしながら、環境整備についての研修を自分のところで行ったとしても、ここまで社員たちの環境整備に対するやる気を引き出せなかったと思います。本家本元に直接叩き込んでもらえるからこそ、彼らがここまで環境整備に積極的に取り組んでくれるようになったのだと感じています。

●理不尽な体験を通して、「お客様の目線」の必要性に気づく

そして、もう1つが、この研修を経験した前と後とでは、社員の仕事や会社、お客様（お客様）などに対する「意識」がガラリと変わることです。

これは、この研修のメインで仕切ってくださっている武蔵野の滝石洋子常務取締役の存在が大きいと思っています。パート社員から出発して、常務取締役となった武蔵野の名物取締役の女性です。

実践社員塾では、この滝石さんの指導の下、参加者は街に出て見ず知らずの人に名刺を受け取ってもらったり、トイレ掃除をしたり……と、さまざまな「理不尽」な体験をすることになります。参加した社員たちの感想を聞くと、こうした体験で、かなり打ちのめされるそうです。

しかし、そうしたしんどい体験を通して、いろいろなことに気づかされるともいいます。実際、最初に実践社員塾に参加したメンバーの1人、村上一校長は、このとき

の体験でトイレ掃除に目覚め、それ以来、自宅でのトイレ掃除を続けているそうです。

社員たちの意識の変化として、私が強く感じるのが、**社員の多くが「お客様の目線」を持てるようになった**、ということです。

そもそも教習所の指導員というのは、若い頃から「先生」と呼ばれるためか、「自分たちは偉いんだ」という勘違いをしがちです。そのため、お客様に対して「上から目線」で対応する傾向があります。

しかし、そもそも「自動車教習所」というのは車の運転を教える「学校」であり、教習生は「お客様」です。お客様がお金を払ってくださるから、会社が成り立つのだし、自分たちはお給料がもらえているわけです。

そうした、もっとも根本的なことに気づけないまま教習の現場に出ている指導員がなんと多いことか。私はつねづね、これは自動車教習所という業界の問題点の1つだと感じていました。

そして、実践社員塾での滝石さんの厳しい指導は、**「基本を身につけないと食事す**

らできないし、ましてやお客様の前に立つことすらできない」ことを、参加者たちに気づかせてくれるといえます。その結果、仕事をする上で「お客様の目線」で考えていくことがいかに重要なのかを理解して、会社に戻ってきてくれるのです。

こんな具合に、社員たちが、研修を通して「お客様の目線」を意識できるようになることは、私からすると大収穫です。

実践社員塾に参加した社員たちが、毎回、一皮剥けたように成長して帰ってくるので、私はこの実践社員塾を「修理工場」と呼んでいます。つまり、社員たちを見事に「修理」してくれる研修。

その感謝の気持ちを込めつつ、かつ調子に乗ってときどき「滝石工場長、お願いします」といったメールを滝石さん宛に書くのですが、そのたびに、滝石さんからは「またそんなこと言って」と怒られています。

「お客様目線」での教習が、さまざまなカイゼンを生む

●補習が多い理由は、お客様のせいか、指導員のせいか？

実践社員塾での学びを通して「お客様の目線」を意識できるようになったことは、指導員それぞれが自分の教習を振り返るきっかけになりました。

1回の教習で私たちはお客様から5000円を頂戴しています。「お客様の目線」で自分たちの教習を振り返ったとき、まず考えなければならないのは、**「自分たちはこの50分間で、お客様が心から感謝して、気持ちよく財布から5000円を出してくれるような教習ができているだろうか」**ということです。

たとえば、1回の教習で目標のレベルに達することができないと、自動車教習所では「補習」をつけて、余分に走ってもらいます。もちろん、これは有料です。

では、なぜ、補習になってしまうのでしょうか。それは、お客様の運転が未熟だからでしょうか。それとも、指導員の教え方が未熟だからでしょうか。

どちらにベクトルを向けるかで、教える側の意識はまったく変わってきます。

前者（お客様の運転が未熟）にベクトルが向いていれば、「問題はすべてお客様にある」となり、「運転技術向上のために、どんどん補習をつけて、走り込んでもらおう」という発想になりやすくなります。

一方、後者（指導員の教え方が未熟）にベクトルが向いていれば、**「自分たちの教え方のどこに問題があるのだろう」**という発想になります。そのため、自分たちの教習技術を考える方向に向かっていきやすくなります。

「お客様の目線」を持てるようになると、この後者の発想になりやすくなります。つまり、教習技術の向上を考える。

実践社員塾を経験することで、ここ数年の当校の指導員たちが向かっているのも、まさにこの方向です。

その中で、とくに当校の指導員たちが意識してきたのが、**「1回の教習での走行距離を長くする」**です。

運転技術は、車に乗って実際に走らないとうまくなりません。そして、走れば走るほど、運転技術はだんだんと身についていきます。

ですから、運転技術を向上させるには、とにかくお客様にたくさん走ってもらうに限ります。

このことは、自動車教習所の指導員のほとんどが理解しています。ただ、そのための手段が「補習をつける」となっている自動車教習所が少なくありません。

当校では、その考え方は誤っていると考えています。たくさん走るのは50分の教習中でないと意味がないからです。

そもそも、当校の「売り」ともなっているのは、「プレミアム・ハイスピード」という商品です。これは、最短で15日（18日）で免許が取得できるという商品。補習がたくさんついて、教習期間が長くなってしまえば、もはや「ハイスピード」ではなくなってしまいます。

つまり、当校の場合、「走行距離を長くする」といったときに、1回50分の教習の中で、できるだけ走行距離を伸ばしていく。数年前からそこにフォーカスして、試行錯誤を続けてきました。

●「その説明にお客様は1000円を払いたいと思うか」を意識する

たとえば、1回の教習での走行距離を長くする上で、阻害要因の1つとなっているのが、**指導員の説明**です。

少しでも走行距離を伸ばすため、インストラクターによる模範運転をできるかぎりやめ、お客様が運転する時間を1分でも長くしていただくようにしました。説明の時間が長くなれば、その分、1回の教習での走行距離も短くなってしまいます。逆に、説明を必要最小限度に留めることができれば、その分、走行距離を増やしていくことができます。

といっても、説明は、お客様が運転技術を向上させるために不可欠という側面もあります。指導員からの説明が一切なければ、お客様は不安になるばかりです。

そこで、このとき指導員が考えなければならないのは、「本当にその説明は、このお客様に必要なのか」。1回50分の教習にお客様は5000円を払っています。ということは、指導員が教習中の10分を説明に使えば、お客様はその説明に1000円を払っていることにもなります。

「では、今、自分がお客様にしているこの説明は、本当に1000円をいただいてまでもする内容なのか」。

実践社員塾を経験した指導員の多くは、こうした視点を持てるようになります。

さらに、現在、当校では、教習車に搭載したドライブレコーダーを上司や先輩などと一緒に確認し、説明が長すぎないか、あるいは少なすぎないかなどをチェックし合うようにしたり、同乗研修を行ってつねにチェックして、教え方の格差是正に力を入れています。

●さまざまな試行錯誤により、大阪でもトップクラスの走行距離に

また、7、8年前から5年間くらいかけて、50分間のお客様の走行距離のデータを指導員が毎回取る、ということも行っていました。この目的は、教習の各項目での走行距離を校内で統一化していくためです。

同じ教習項目であっても、指導員によって走らせる距離はマチマチです。そこで、各項目の標準的な走行距離を出すことで、全員がそれに合わせていけるようにしたのです。

その他、もっと走行距離が長くなるような教習所内のコースレイアウトを検討し、変更する、といったことも行っています。

そうした試行錯誤の結果、現在、高石の場合は、**50分で走る距離の目安は、教習項目によっては10キロ**くらいになっています。指導員が同乗せず、お客様が1人で運転

する無線教習（40ページ参照）でも、50分で以前より**20～30％ほど、走行距離が伸びました**。大阪で走行距離が1位になることを目指していきたいと思います。

そのほか、より効率的な教習を実施するために、2011年からは方向転換や縦列駐車のコースなどに、スカイカメラを設置。全指導員に配付したiPadによって、教習中、お客様は自分の縦列駐車や方向転換などを、俯瞰的に確認することができるようにしました。

自分の運転を客観的に見ることができると、指導員からの指摘も理解しやすくなりますし、自分自身でも修正がしやすくなります。

こうしたことも、よりお客様が運転技術を向上させていくことに役立っているようです。

教習に「コーチング」の要素を取り入れる試み、進行中！

●コーチングを学び始める

教習技術の向上において、数年前から新しい動きも出てきています。

教習に**「コーチング」**の要素も組み込んでいこう、という動きです。

自動車教習所での教習はこれまで、指導員が「運転とはこういうものだ」と教え、お客様がその通りに運転してみる、という形で行われてきました。つまり、「ティーチング」（教える）という方法です。

一方、コーチングとは、**お客様が自分で運転しながら「気づいていく」**ということに主眼を置いた教習方法で、指導員は要所要所でお客様に質問をし、お客様の気づきをサポートしていく役割に徹します。

当校では、これまでのティーチングだけでなく、こうしたコーチング的な指導方法も、教習に取り入れようとしています。

そもそも当校、というより私がコーチングと出会ったのは、4年前。長年の友人でもある、大阪にある八尾自動車教習所の時野学社長から、「今、学校を挙げてコーチングの勉強をしていて、今後は教習にも活用していこうと思っている」というお話を伺ったのがきっかけでした。

ちょうどその頃、自動車教習所業界では「ほめる」ということが注目され始めていました。

一昔前、「教習所の指導員は怖い」というイメージを持つ人は多かったと思います。実際、昔の自動車教習所の指導員はかなり厳しかった。教習中にミスをするお客様を怒鳴ったりということは、さまざま学校で行われていました。

しかし、少子化や若者の車離れにより、自動車教習所を取り巻く状況は大きく変わりました。今は、お客様が自動車教習所を選ぶ時代です。「あそこの指導員は怖い」なんて噂が口コミやSNSで広がれば、たちまちお客様が集まらなくなってしまいます。

こうした時代の流れを受け、お客様を「ほめる」という方向にシフトしていったのです。

ただ、私自身、「ほめる」は、当校にはレベルが高すぎて消化不良になると感じていました。

ほめることは非常に大切だと思っています。しかし、「ほめる」を意識しすぎて、運転技術がまだまだなお客様たちまで、むやみやたらと教習以外のことまでほめるのは難しすぎると感じたのです。なにせ運転はひとつ間違えれば、命に関わります。自動車教習所が何よりも優先しなければならないのは、お客様の技術の習得です。すなわちまさにそれは1時間ずつの教習や検定であり、安全運転が1人でできる技術の習得にほかならず、お客様を心地よくさせることではありません。

また、「ほめる教習所」という看板を掲げてしまうと、お客様の「ほめ」に対する期待値を上げてしまうリスクもあります。つまり、お客様は、「『ほめる教習所』というくらいなのだから、きっとめちゃくちゃほめてくれるはず」と期待して入校される可能性があるわけです。そこまでハイレベルなことは当校には無理です。

そうなると、普通にほめたくらいでは、「ほめてもらった」とは思ってもらえない可能性があります。実際、「ほめる教習所」と看板を掲げたところでは、お客様からのアンケートで、「思ったよりほめてくれない」という感想が書かれることもあるそうです。

こうなってくると、お客様の期待に応えるべく、ほめちぎる必要が出てきて、指導員には教習以外の負担が増えるばかりです。自動車教習所は、本来、お客様に自動車の運転技術を指導し、免許取得をサポートする場です。そこに集中できなくなってしまえば、本末転倒です。また、そこまでレベルの高いコミュニケーションができる人は、社長以下、ここにはいません。

ただ、そうはいっても、その頃の私は、「プレミアム・ハイスピード」の人気に安住せず、それにプラスして、新しい「売り」を模索していました。
お客様のモチベーションアップにつながる、「ほめる」以外の方法は、何かないか。
そんなことを思っているときに、コーチングに出会ったのです。

●高石アカデミーで、コーチング研修に挑戦してみる

八尾自動車教習所の時野社長の話を聞き、なんとなく「面白そうだな」と思ったものの、まったくコーチングに関する知識がなかった私は、幹部数人と相談をしました。するとで**「指導員が上手にサポートしながら、お客様自身に、『どうすればもっと上手に運転ができるのか』を主体的に学んでいってもらう方法」**とのこと。

正直、コーチングが効果的な教習方法の1つになりうるかは、いまひとつ判断がつきかねました。ただ、どんなものかを、一度、社員に体験してもらうのも悪くないと考え、2017年6月の高石アカデミーでコーチングの講習を行ってみることにしました。

そのときの研修では、専門の講師に依頼。その講師の指導の下、社員たちには、教習や受付などのシチュエーションを設定してのロールプレイングで、コーチングのさまざまな技法を体感してもらいました。

実際にやってみるとかなり難しかったのですが、取り組む社員たちの表情を見ると、みんな生き生きしています。

実際、この新しい体験は、社員たちにとって非常に面白かったようで、終了後のアンケートにも、全員が「もう1回受けたい」と感想を寄せました。定年間近の大ベテランの社員も「もっと早く受けたかった」と書いていたくらいです。

こうした社員たちの反応に私は手ごたえを感じ、それ以降、必ず高石アカデミーではコーチングの研修を入れるようになりました。

その後、日本交通心理学会主催のコーチングセミナーにも出たいと幹部から申し出があり、村上校長、丸山副校長、参輪まゆみ課長、塩田剛士課長、丹羽清課長が参加し、彼らが中心になって、コーチングを社内に展開してくれています。

コーチング的教習とはどのようなものか

●主体的な学びを促し、確実な習得につなげる

高石アカデミーで取り上げる以前は、コーチングの技法を用いた教習が、本当にお客様の運転技術向上につながりうるのか判断ができないでいました。しかし、高石アカデミーで、コーチングのさまざまな技法を使ったロールプレイングを何度も繰り返して、コーチングを実際の教習に取り入れていくことは、当校の教習力アップにつながる可能性を強く感じました。

それは、指導員が教習中に「コーチング」的にお客様にかかわっていくことで、お客様たちは指導員に「やらされる」のではなく、より自分で試行錯誤しながら運転技術を身につけていくことができるからです。

従来から自動車教習所で行われてきた「ティーチング」的なアプローチでは、お客様が運転の「型」を習得できるよう、教習中、指導員がお客様に対してあれやこれやの指示をしていきます。

たとえば、交差点を曲がる際に、お客様が「型」通りに運転できない場合、「今の交差点の曲がり方は危なかったですね。ブレーキを踏んで速度を落として、もっとゆっくり曲がるようにしてください」といった指示をする、という感じです。そして、お客様はその指示に従いながら、運転のコツを身につけていきます。

一方、「コーチング」的なアプローチの場合、「型」を教えた上で、その習得においては、指導員が「教える」よりも、お客様に「気づかせる」ことに重点を置きます。

たとえば、先ほどの「交差点の曲がり方」を例にとれば、コーチング的なアプローチでは、「どうしたらもっとゆっくりと安全に曲がることができると思う?」と指導員が質問し、**お客様にベストな方法を考えてもらう**、という形になります。

つまり、**「型」を習得するまで教えるのでなく、なぜ、「型」通りに運転できていないのかを、お客様自身に考えてもらう**、というアプローチなのです。

運転に限らず、何事も、人から一方的に教えられるよりも、自分の頭で考えたことのほうが記憶として定着しやすい。

「ブレーキを踏んで速度を落としていけばいいんだ」と自分で気づき、それを実践したら本当にスムーズに交差点を曲がれた。この場合、「交差点を曲がるときには、ブレーキを踏んでスピードを落とす」ということが、忘れられない記憶となって体に染み込んでいくはずです。つまり、運転の「型」がストンと自分の体に入ってくる。

コーチング的な教え方では、お客様にこうした習得方法を提供するのが可能になるのです。

●ダメ出しではなく、改善方法を探っていく

また、コーチングはティーチングよりも、**お客様のモチベーションを引き出せる可能性があります**。

たとえば、複数のお客様が一緒に教習を受ける複数教習では、教習後、教室に集まり、お客様と指導員とでその日の運転についてディスカッションをします。

ティーチング的な方法では、「あの部分はあまりよくなかった。それについてどう思う?」という具合に、指導員が駄目出しをして、お客様がそれに対する反省点を述べる……となりがちです。言ってみれば、反省会のような雰囲気です。そのため、このディスカッションタイムが「恐怖」というお客様も結構いらっしゃいます(当校では、こうしたネガティブな反省会にならないよう、注意しています)。

一方、コーチング的なアプローチであれば、よかったところはほめ、うまくいかなかったところは、「あそこは、どうしたらもっとよくなると思いますか?」と、改善

方法を参加者で考えていくことに重点が置かれます。

そのため、全体的にポジティブな雰囲気になりますし、お客様としても改善のための方法を見つけられるため、今後の教習に対するやる気にもつながります。

●「コーチングによる教習」が新たなセールスポイントになる

私自身が、コーチングのこうした可能性を強く感じたこともあり、当校では現在、日々のお客様とのコミュニケーションにおいて、積極的にコーチング的なアプローチを取り入れていこうとしています。

それにはまず、社員たちにコーチングの技法を十分にマスターしてもらう必要があります。そのため、高石アカデミーでは、先述した通り、毎回、コーチングの研修を行っています。

また、2018年からは、「コーチングプロジェクト」チームも設置。社員のコーチング力をアップするために何をしたらいいのか、いろいろ提案してもらっているところです。

ただ、日々の教習に「コーチング」の要素を加えていくことは、口で言うほど、簡単なことではありません。なんといっても、指導員自身に、これまでのティーチング的なアプローチが刷り込まれています。そこに「コーチング的なアプローチを加えろ」と言ったところで、一朝一夕でできるものではありません。そんな現状に「一筋縄ではいかないいな……」と日々感じています。

ただ、社員全員が、高石アカデミーを通じて、コーチングという手法があり、それを教習や受付業務等でどう活用していけばいいのかについて学び続けていることは、大きいと思います。知っているのと知らないのとでは、大違いです。

コーチングというものが存在していることを知り、かつその技法のいくつかが知識として頭の片隅にあるだけでも、お客様への対応がソフトになります。

それに、私として心強いのが、コーチングの研修となると、社員がみんなこぞって積極的に取り組んでくれることです。コーチングの技法を習得することに、どの社員も非常に前向きなのです。

こうした研修を繰り返すことで、社員たちもいずれはコーチングを会得していくのではないかと期待しています。

それが実現すれば、「コーチングによる教習を提供する自動車教習所」というのが、当校の新しいセールスポイントとなるのです。

新卒採用の積極展開で、20代が4割を占める自動車教習所に

●脱「指導員の高齢化」のため、新卒採用を開始！

ここからは若手の人材育成について述べていきます。

現在、**当校の社員は20代が4割を占め、平均年齢は35歳です**（2020年9月現在）。

東京商工リサーチが調査した、2020年3月期決算の上場企業の従業員平均年齢は41・4歳とのことですから、当校はそれよりも5歳以上若いわけです。もっといえば、自動車教習所の業界でも、これだけ平均年齢が若く、かつ20代が全体の4割を

占めるというのはかなり珍しいと言えます。というか、**超異常**です。なにせ、今、日本の自動車教習所では、社員の平均年齢が50代というところは少なくありません。社員の高齢化がかなり進んでいる業界なのです。

かくいう当校も、10年くらい前はご多分に漏れず、平均年齢が45～50歳くらいで、社員の高齢化がどんどん進んでいました。

この状況を変えたのは、2014年から始めた新卒採用です。それによって、一気に社員の若返りを図ることができました。

なぜ新卒採用を始めたのかといえば、大きな理由は、今、若い人材を採用しておかないと、20年後、30年後など、将来を見据えたときに生き残れないからです。実際、現在、40歳の社員も20年後には60歳です。若い社員を今のうちに育てておかないと、いずれ人材不足の状態に陥ってしまいます。

さらに、若い人材を採用していかないと、どんどん社員の高齢化が進み、気がつけば、50代以降の指導員しかいない学校になってしまいます。そうなると、「75歳の指導員による教習」なんてことも起こりかねません。実際、あなたがお客様だとして、こうした高齢の指導員から運転指導を受けたいですか? たぶん、ほとんどの人が「ノー」だと思います。

実際、ある自動車教習所が受けたクレームの中に、教習中、「危ない!」という瞬間に、高齢の指導員がブレーキを踏んでくれなかった、というのがあったそうです。近年、高齢ドライバーによる事故が多発していますが、シニアになれば、とっさの判断力も瞬発力も、モノの見えやすさも、若い頃に比べて格段に落ちます。誰しもこうした加齢による能力の衰えは避けられず、どんなに運転のうまい指導員であっても、年齢的な限界はあるのです。武蔵野の矢島さんは自身が行う「矢島漫談」の中で、社会人は1人の例外もなく、体力と記憶力が劣化すると教えておられますが、その通りです。

そして、こうした高齢の指導員しか揃っていなければ、お客様は不安に感じ、入校をためらうでしょうから、集客も難しくなってしまいます。

当校では、そうした状況を避けるべく、脱高齢化を目指し、新卒採用をスタートすることにしたのです。

●採用活動は社長が行う

しかし、自動車教習所業界で新卒の若者に入社してもらうのは、決して簡単なことではありません。実際、新卒採用を実施しているのは、大阪では当校を含めて少数だと思います。

自動車教習所は、そもそも昔からそれほど人気のある業界ではありません。しかも、採用してもすぐにやめてしまうケースも多く、人材が定着しない業界でもあります。そのため、人材不足は昔からのことです。

それに加えて、近年は、少子化と若者の車離れでお客様が集まらず、業界全体が右肩下がりです。よほどの車好きでなければ、そんな業界を目指そうとはしないでしょうし、その肝心の「車好き」が減っているのですから、若い人が集まってくるはずがありません。

さらに、今どきの学生の親世代の中には、若い頃、自動車教習所の指導員に絞られ、自動車教習所にあまりいい印象を持っていない人も少なくありません。そのため、本人がいくら自動車教習所への就職に前向きでも、親からの反対でやむなく断念……ということもしばしば起こります。


そんなわけで、自動車教習所を「第一志望」にしている学生などは皆無で、新卒採用といっても、一般的な企業と同じようなスケジュールで募集をかけても、基本的には誰も集まってきてくれません。

そこで私が考えたのが、就職活動がうまくいかず、「さて、どうしたものか……」となっている学生を狙う、です。さらに、狙うターゲットも絞りました。それは、警察官など、**公務員試験にご縁がなかった学生**です。

なぜなら、これまでの経験から見ても、いい人材が揃っているし、なんといっても、自動車教習所の場合、入社後、指導員等の資格をいくつも取得する必要があり、資格試験の勉強に慣れている人のほうが定着しやすいからです。また、警察との絡みも大きい業界なので、警察官志望の人たちと相性がいい、という理由もあります。

そして、公務員試験の不合格組が就職活動を再スタートするのが、10月頃です。そこで、当校でも、この時期から採用活動を本格化することにしました（それ以前から募集はかけているのですが、実際に集まってくるのがこの時期ということもあります）。

とはいえ、10月に本格スタートしたところで、相変わらず応募してくれる新卒学生は少ないのが現状です。そのため、年内に採用できればラッキーですが、そう簡単にはいかず、たいがい2月頃まで引っ張っていたりします。

そして、年明け以降は、自動車教習所の繁忙期です。われわれにとっては大事な稼ぎどきですから、社員総出で教習業務に当たっています。その時期、ヒマなのは社長の私くらいです。そのため、今のところ、採用活動は社長の私が担当。会社説明会から面接まで、私が一人で行っています。

社長が前面に出る採用活動

こんな具合に、社長自ら採用活動をしている会社は珍しいようで、それがある意味、学生たちへのアピール・ポイントになっている部分はあるようです。

内定を出した学生に就職の決め手になったことを尋ねると、「社長さんが自ら採用活動をされていて、アットホームな会社なのかな、と思ったので」を挙げる社員も少なくありません。

入社5年目の、前田椋児もその1人です（彼は、普通車教習指導員ならびに技能検定員審査を一発合格するという離れ業をやってのけた社員です）。

「会社説明会では、藤井社長が自ら説明をされていたので驚きましたね。それまで回っていた会社では、会社説明会の段階で社長さんが登場されることはなかったので……。しかも、説明会終了後に藤井社長が『近所のお好み焼き店さん「きん太」に行こう』とおっしゃったのにもビックリで、興味を持ってついていったら、今度は『今から運転せえへんかったら、酒を飲んでもいいよ』。

こんな具合に、普通の会社説明会では考えられないことばかりが起こったので、ものすごく印象に残り、後日、面接を受験させていただきました。

そして、このときも藤井社長が最初から登場。説明会のとき同じく、穏やかな雰囲気で『いつも通りにやってくださいね』とおっしゃってくださって、とてもリラックスした気持ちで面接を受けることができました。

それで、『いい会社だな〜』と思い、内定をいただいたときには、『ここにしよう』と入社を決めました。

内定をいただき、入社するまでの間、アルバイトという形で働かせていただくことになりました。それまでの自動車学校に対する私のイメージは『年配の社員さんが多い』とか『すごく厳しい雰囲気』だったのですが、実際に職場に入ってみると、とても明るい雰囲気だったので意外でした。

若手の人だけでなく、ベテランの社員さんたちも、楽しそうに仕事をしていらして、それと、社員同士の距離が近いなという印象を受けました」

私の本音としては、若手社員に「リクルーター」となってもらって、採用活動を手伝ってもらいたい。そのほうがより活発な採用活動を展開できます。

ただ、採用活動のピークと繁忙期が重なっている限り、それは不可能で、この状況を打開する方法はないのか、現在、真剣に検討しているところです。

若手を定着させるための秘策は、「若い人が若い人を教える」

●武蔵野さんの「お世話係」をパクる

2014年からスタートした新卒採用ですが、毎年、平均すると2～3人くらいを採用。これまで11人の新卒学生が入社してくれました。そして、現状で採用した新卒社員でやめたのは3人です。

これは、新卒採用を続けるに当たって、とても重要なことだと考えています。せっかく新卒学生を採用できても、彼らが定着してくれなくては、組織の若返りを図っていくことはできません。若い人を採用できたらOKというわけではなく、彼らを定着させることにもしっかりエネルギーを注いでいく必要があるのです。

というより、**採用より定着のほうがより重要**かもしれません。

では、どうすれば若い人たちに定着してもらえるのか。

そのために当校が採っている方法が、**「若い人が若い人を教える」**です。

具体的には、入社2～3年目の若手社員が、新入社員を教えるという仕組みです。

これは武蔵野さんの「お世話係」（2年目の社員が新入社員を教えるという仕組み）をパクらせていただきました。名付けて、**「ヤングライオンプロジェクト」**。

この名前は新日本プロレスに所属する若手選手がこう呼ばれていることにちなみます。私が大のプロレスファンということもあり、当校の若手育成のプロジェクトに、この名称を拝借させていただいたわけです。

プロジェクト立ち上げ当初は、現在30歳の最年少課長である村田拓也はじめ、池側達也、阪下友介、笠井亮太、河原正佳、河野瀬彩、西浦勇人、東條博次、前田椋児といった面々からスタートし、現在は彼らが次期幹部候補生となり、活躍してくれています。

2年目の社員が新人を教える「ヤングライオンプロジェクト」

●若者がやめる要因に、ジェネレーションギャップがある

なぜ、「若い人が若い人を教える」仕組みが、若手の定着につながるのかというと、若手が離職する大きな要因に**組織内のジェネレーションギャップ**があると、私は考えるからです。つまり、今の若い人たちの価値観と、40代以降の人たちとのそれは大きく異なるため、40代以降の人たちの価値観に従わせようとすると、若い人たちはすぐにやめてしまうのです。

たとえば、「残業」に対する考え方。

自動車教習所の業界では残業は当たり前です。社員のほうも、残業があれば、その分、受け取れる給料も増えるので、「残業、大歓迎」とする傾向が強くありました。

ところが、今の20代の人たちを見ていると、「お金」よりも「自分の時間」が大事とする人ばかりです。残業してたくさんお金を稼ぐよりも、残業をできるだけ減らして、自分の時間を確保したいと考えています。

そのため、「残業は当たり前」という感覚で仕事をさせていたら、「自分の時間がほしいので」という理由でやめていきます。

また、自動車教習所の業界は昔から上下関係も厳しく、かつては若手社員を「見習い」とか「丁稚」と呼ぶのがまかり通るような世界でした。そして、その名の通り、若手の仕事といえば、コースの草むしりやお客様の送迎など、教習以外の雑務ばかり。そんな、まさに「丁稚奉公」のような状態が2～3年続いて、ようやく指導員の資格を取る勉強を始められる……というような状況でした。

しかし、今の時代、こんなことをしたら、間違いなくパワハラです。「こんな、自分のキャリアにとって不要な苦労ばかりさせられてはたまらない。こんな時間の無駄はできない」と、早々にやめてしまうのがオチです。

もし、新入社員の育成に、ベテラン社員をつけてしまえば、こうしたことが生じる確率がさらに高くなります。10歳くらいの年の差でも、場合によっては危険です。

そこで、「年齢の近い人が教える」という仕組みにする。つまり、「ちょっとだけ年上のお兄ちゃん・お姉ちゃんが教えてくれる」とするわけです。

年齢が近ければ、世代的な価値観のズレは少なくてすみます（個人的な価値観の違いはあるかもしれません）。また、質問などもしやすいし、先輩からのアドバイスにも素直に耳を傾けやすいと思います。

そうした目論見でスタートしたヤングライオンプロジェクトですが、こちらの狙いは見事に的中。採用した新卒社員たちの多くは、離職せずに当校で働き続けてくれています。その結果、20代の社員が4割を占めるという、組織の若返りを図ることができました。

現在は、長田侑二郎リーダーのほか、畠啓太朗、東廉梧、宮口和己、釜中譲一、田中大貴、そして21年内定者の雨森万由子らが中心となって活動してくれています。

キャリアプランの明確化が、若手の定着につながる

●新入社員の最初の仕事は、「指導員の資格取得」

若手に定着してもらうには、「ベテラン世代の価値観をできるだけ押し付けない」ということが重要なほか、その**組織でのキャリアプランを明確にする**、ということも不可欠だと思います。

さらに、そうしたキャリアプランを本人が実現していけるように、会社が可能な限りサポートすることも、若者定着のカギになると私は考えています。

自動車教習所でいえば、キャリアプランとは、さまざまな車種の指導員や検定員の

資格を取得していくことです。そして、そのために、会社は惜しみなくサポートしていく。

当校では、こうした考え方に基づいて新人育成を行っています。ですから、新人の最初の仕事は、「勉強して指導員（最初は「普通車教習指導員」）の資格を取得すること」。そのため、勤務時間を勉強時間にあてることも「よし」としています。場合によっては、残業をして、残業代も払って勉強してもらっています。内定者時代も同様です。そして、勉強に際しては、自分だけで頑張るのではなく、合格に向けて、会社を挙げて全力でサポートする体制を整えています。たとえば、会社にはそれぞれの試験の過去8年分の過去問データがあり、新人を含めて試験勉強をしている人は誰でもそれを使うことができます。

また、新人のサポートの主体となっているのが、前項で取り上げたヤングライオンプロジェクトです。彼らが、新入社員にできるだけ早く指導員の資格を取得させるべく、試験問題の傾向や点数の取り方、勉強法、試験勉強中の時間の使い方など、手取り足取りアドバイスをしていきます。

実際、ヤングライオンプロジェクトのメンバーたちも、つい最近、試験に合格したばかりです。そのため、「今」の試験の傾向もよく把握していますし、試験勉強中にどんなところで躓きやすいかなどもよくわかっています。そのため、新人たちは彼らから的確なアドバイスをもらうことができるわけです。

数年前からは、茨城県にある安全運転中央研修所が実施している研修にも参加させています。

この研修に参加するためには、事前に最低でも90時間の研修が必要となりますが、当社では90時間以上の研修をプロジェクトメンバーが担当してくれています。

一方、私にとってこれは必要な「先行投資」です。新人が早々に資格を取得し、指導員としてデビューできれば、それだけ戦力が増えます。冬の繁忙期においても、指導員が多ければ、それだけたくさんのお客様を受入れることとできます。

その意味でも、新人をいかに短期で指導員としてデビューさせることができるかが、当校にとっては非常に重要なのです。

●入社1年目で指導員デビューする社員が続出

こうした会社一丸となっての、新入社員の資格取得の取り組みの甲斐あって、ここ数年、当校の新人たちが、指導員資格（普通車教習指導員）を取得するスピードは驚異的に速くなっています。

一般的に、入社して最初に資格が取得できるまでに1年程度、長い場合はそれ以上かかると言われているのですが、当校の場合、なんと**平均5カ月**です。早い社員だと、**4月に入社して、7月には普通車の指導員としてデビュー**しています（214ページで紹介した前田の場合は、勉強をスタートして3カ月で一発合格したわけです）。

また、一発合格できる社員が多いのも、当校の自慢です。指導員、ならびに検定員の資格試験は年に3回実施され、1回の受験で合格できる、いわゆる一発合格できる人の割合はごく少数と言われています。一方、当校の一発合格の割合は**約7割**と一発合格率が高いのです。

そして、普通車教習指導員を取得したら、「準中型教習指導員」「中型教習指導員」と、指導員資格の取得が続きます。さらに、25歳以上になれば、「検定員」（技能検定を行える資格）の資格取得を目指します。

検定員の資格というのは、「入社して10年くらいたち、ベテラン指導員たちからその仕事ぶりを認められて、ようやく受験させてもらえる」というのが、自動車教習所の業界では一般的です。

しかし、指導員の資格同様、検定員の資格もできるだけ早く取得させるようにしています。経営計画書でも、「入社10年目までに普通車技能検定員を未取得の場合、勤務時間もしくは残業時間を増やしてでも会社で合格レベルに達するまで勉強させる」といった旨を記しているくらいです。

こうして矢継ぎ早に資格取得を奨励するのは、社員たち（とくに若手）に「勉強し続ける」という習慣を若いうちから身につけてほしいからです。

入社して10年近くも検定員の資格取得をお預けにするというのは、結局、「社員に新しい挑戦をさせない」ということです。そうなれば、社員たちは現状に満足してしまい、教習もマンネリ化しがちです。若いうちから「先生」と呼ばれるわけですから、そのうち慢心も生まれかねません。

こうした事態を避けるためには、やはり若い社員に挑戦の機会をどんどん与え続けることが肝心だと私は考えています。

挑戦し、結果を得るには、勉強が必要です。勉強すれば、その分、その人の成長につながります。目的を達成すれば、そこで自信も生まれます。それを繰り返せば、勉強習慣も体に染みついていきます。そうした人の成長を促す環境づくりとして、当校では、若手社員にどんどん検定員の資格取得に挑戦させているのです。

ただ、「自分自身の成長のために、検定員の資格取得を目指せ！」と言ったところで、全員にこの言葉が響くわけではありません。人に行動を促すには、何らかの「アメ」が必要です。このことは「ハンコ」で十分に学びました。

そこで、用意したのが「検定員の資格を取得したら、幹部に昇格するための1条件をクリア」という「アメ」です。幹部になれば、給料も上がりますから、それを「アメ」に若手社員たちに勉強習慣の定着を促しているわけです。

ですが、実際は迷惑がって、面倒くさがり、勉強しない若い人が多いのも現実ではあります（笑）。

●一筋縄ではいかない若手育成

このように、若いうちから必要な資格をどんどん取得できるようにし、早くから現場に出てキャリアアップをしていける仕組みを整えることで、若い世代が定着し、現在、当校は20代の社員が4割というありがたい状況になっています。

ただ、若い世代の育成が、すべてうまくいっているわけではありません。新卒学生の採用を続けていく中で、現在、ある壁にぶつかっています。

それは、「一般常識」や「マナー」を勉強する機会もなく社会に出てくる若い世代が多い、ということです。

たとえば、先述した通り、当校の20代の大卒社員は「平行・垂直・直線・直角」のそれぞれの意味を知りませんでした。また、「ごめんなさい」や「ありがとう」などを適切なシチュエーションで言えないのを見て、ビックリしたこともあります。

そのため、「社会人なんだから、これくらいのことは知っていて当然だろう」という前提で社員教育をしても、まったく成果が出なかったりします。お互いの前提がまったく異なるため、こちらの言っていることがほとんど通じず、結局、中身のない社員教育になってしまうのです。

新卒の新入社員を教育していく中で、こうした現状に気づいていきました。そして、わかったのは、小学校で習うようなことを、会社でもう一度、教える必要がある、ということです。言ってみれば、「一から育てていく」。きちんと育てていくには、こうした気持ちで新人教育に向かい合っていく必要があるのです。

ただ、そのためにどうするかは、まだ模索しているところです。当校の今後の課題の1つと言えます。

また、若手が定着しやすい職場づくりも、それを進めていけばいくほど、今度はベ

20代の社員が4割を占める

テラン社員からの不満が生じやすくなります。

今どきの若者を見ると、「お金よりも自分の時間のほうが大切」という価値観の人が結構いると前述しました。そこで、若者に定着してもらうべく、残業を減らす方向に会社をシフトさせていく（昨今の政府が旗振り役になって進めている「働き方改革」の流れで、そうせざるを得ないという事情もあります）。

しかし、社員全員が残業が減ることを望んでいるわけではありません。中には残業代が家計の重要な収入源となっている人もいます。その人たちからすると、「残業が減れば、その分、収入が減ってしまい、困る」となります。とくにベテラン世代はその傾向が強くあります。

そのため、若い人に合わせたら、ベテランからの不満が出てきて、ベテランに合わせたら若い人たちがやめていく、というジレンマが生じてしまうのです。

こうしたジレンマをいかに解決するか。

「ベテラン世代が定年を迎えたら、こうしたジレンマも自然と解消するのでは」という意見もあります。たしかにその通りです。

ただ、その時には、今の20代は30代、40代になっていて、新たな「若い世代」が現れます。彼らは、今の20代とまた違う価値観を持っている可能性があります。

実際、今回の新型コロナウイルスによって社会が大きく変わっていくことが予想されます。そうしたアフターコロナの時代に育った若者たちは、今の20代とはまた違う価値観を持つことが予想されます。そして、そこでまた新しいジレンマは必ず生じるはずです。

さまざまな世代が働き、さまざまな価値観が存在する組織だからこそ、いかにその中で上手にバランスをとっていくのか。

それは、組織が存続する限り、永遠に取り組まざるを得ない課題なのだと思います。

■コラム4　ハンコ押印基準

第3章で紹介しましたが、当校には「100回帳」という制度があります。これは、「ハンコ」を100個ためると、5万円の旅行券がゲットできる、というものです。

そして、何をするとハンコがもらえるかも「ハンコ押印基準」として、経営計画書に具体的に記しています。たとえば、「創業者の墓参り」はハンコ3つ、「仕事のノーミス2カ月連続」は2つ、「卒業時ありおめレポート」は1つ……という具合です。

そして、最近、追加したのが、「武蔵野さんがYouTubeで配信している『めざましスタディ』を見て、感想を全員が見るチャットワークにて共有したら、ハンコ1つ」です。

月2回の「早朝勉強会」では出席率がいまいちな当校の社員です。なので、「たぶん、誰も感想を送ってこないだろな～」と高を括っていたら、意外や意外、毎日、かなりの社員が感想を送ってくれるのです。その結果、この「基準」だけで月に20個程度のハンコを集める社員が続出しています。

この状況に、あらためて感じたのが、「ハンコ」の威力です。当校の社員たちが、しぶしぶながらも、私が言い出したさまざまなカイゼンに取り組んでくれるのも、「ハンコほしさ（つまり5万円の旅行券ほしさ）」にあると断言します。

まさに、「ハンコ」という不純な動機が、当校の社員たちを動かしているわけです。

しかし、私はそれでいいと思っています。不純な動機、ＯＫ。そもそも、私を含め、人間なんて、たいていそんなものだと思うからです。とはいえ、これだけの勢いでハンコを集められてしまうと、経営者としては「5万円の旅行券を何枚、出さないといけないのか……」という新たな問題にぶち当たっているのですが……。

余談ですが、「めざましスタディ」の視聴＆感想は、ハンコの威力を再認識させてもらった以外にも、当校の今後の社員研修を考える大きなヒントにもなりました。

それは、自分の都合のいい時間に視聴できる「オンライン」という勉強方法が、どうも当校の社員にはマッチしているのではないか、ということです（リアルでの早朝勉強会の低い出席率と比較しても、それは明らかです）。

折しも、新型コロナの影響で、当校でもさまざまな領域で「オンライン」の導入が進行中です。研修においてもしかりで、たとえば、今回の休業中にオンラインで行った課ごとのコーチング研修に続いて、実際に講師をお呼びしての研修や経営計画発表会もオンラインで開催していく予定です。それ以外にも、オンラインを活用した研修について、さまざまな方向性を今後とも検討していきたいと考えています。

第5章

人が集まるコミュニケーション

さまざまなツールで社内のコミュニケーションを促す

●武蔵野さんをパクり、社員の交流を深める「飲み会」を実施

前述した通り、環境整備が進むにつれて、社内のコミュニケーションは格段によくなっていきました。毎朝7分の掃除や、環境整備点検前の一夜漬けの整理整頓などにおいて、「雑談しながら」を推奨したこともよかったのでしょう。

こうした日々の環境整備でのコミュニケーションのほか、社内の制度として、**「コミュニケーション」そのものを目的とした機会や場**も設けています。これは武蔵野さんの制度をパクったもので、当校では次のようなことを行っています。

＊サンクスカード

これは、誰かに対して感謝を感じたり、誰かを「すごいな」と思ったりしたときなどに、その相手（社員、あるいはお客様）に、その気持ちを伝えるためのカードです。じつはこのカードも、環境整備点検の点数（141ページ参照）と同じく、たくさん送ったり、もらったりすれば、「ごほうび」がもらえる仕組みになっています。

具体的には、1カ月に23枚以上送ったら300円、28枚以上送ったら500円をもらうことができます。さらに、「もっとも多く送った」と、「もっとも多くもらった」という社員は、社長賞の表彰対象の1つになります。

お客様からもサンクスカードをいただくこともあります。サンクスカードは、アナログのメッセージですから、もらうとモチベーションも上がります。

＊懇親会

当校では、以前は社員同士の懇親会というものはほとんどありませんでしたが、今は、社内のルールとして、次の懇親会があります。

①グループ懇親会

各課、もしくは各班で、年3回実施。原則として、全員参加（無理な場合は、7割以上の参加で開催可）。会社から支出する予算は1人３５００円までとし、オーバーした分は、参加者でワリカンにする。

開催後1週間以内に、画像と報告書を社内のホワイトボードに添付すること。

②社長食べ歩き会（年8回）

社長主催の食べ歩き会（夕食会）で、幹事・場所・時間・参加人数などは社長の独断と偏見で決定する（最大参加人数は10名まで。幹部は最低年1回以上の参加が目標）。

③校長食べ歩き会（年3回）

校長主催の食べ歩き会（ランチ）で、幹事・場所・時間・参加人数などは校長の独断と偏見で決定する。

感謝の気持ちを送り合うサンクスカード

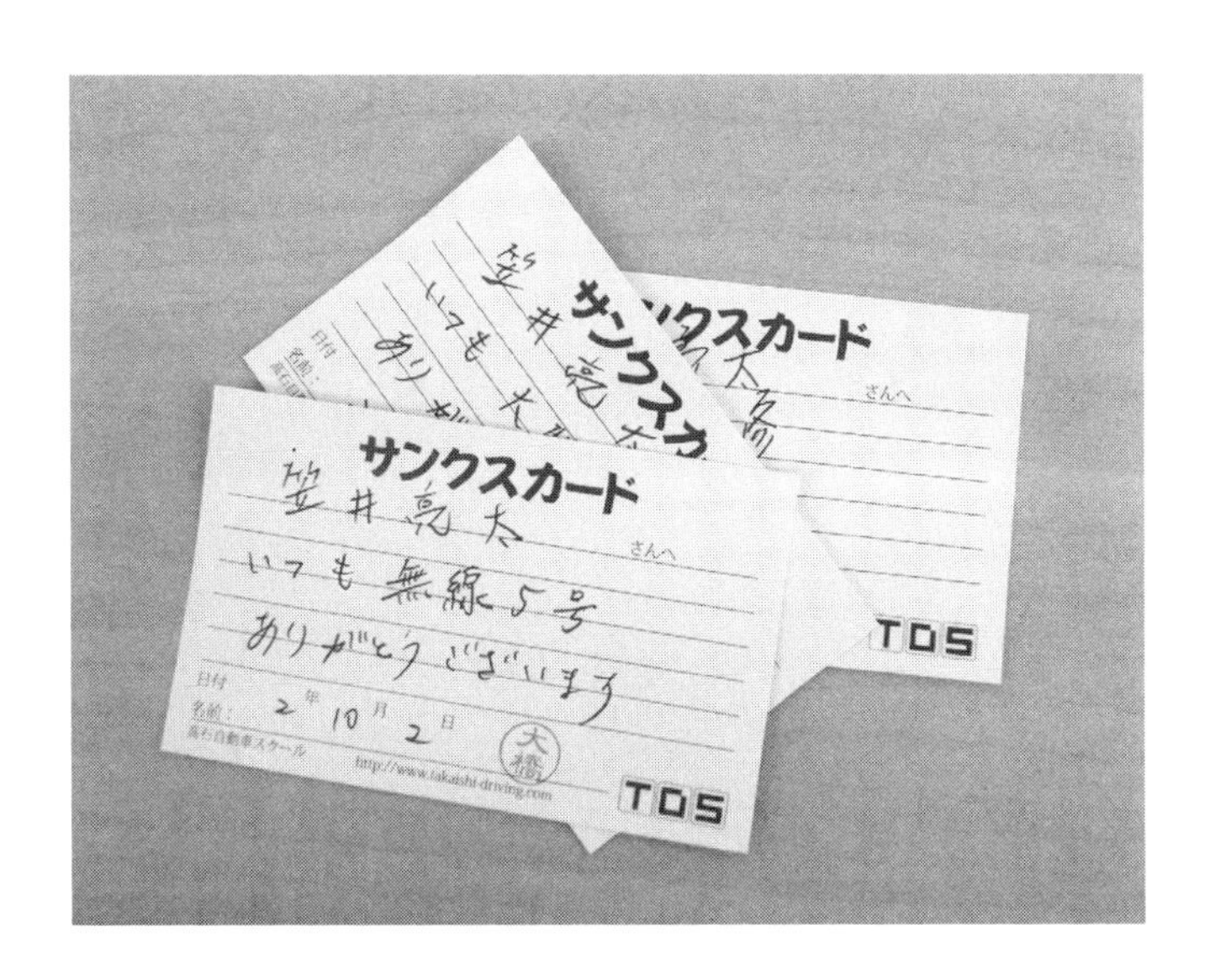

懇親会は社内コミュニケーションをよくする公式行事

④サシ飲み会（年3回）

同じ役職の幹部同士が年1回、1対1で飲みに行く（名前の「あいうえお」順に2人一組。翌年は1人ずれる）。会社から支出する予算は合計で最大5000円で、オーバーした分は、参加者でワリカンにする。

⑤プロジェクト懇親会（年1回）

各プロジェクトでの懇親会。各プロジェクトのリーダーが、開催ごとに幹事を指名する。内容は、①の「グループ懇親会」に準じる。

●参加者全員が「必ず自分の話をする」のがルール

懇親会は単なる「飲み会」ではありません。社員たちが、同じ時間と場所を共有することにより、お互いへの信頼と信用を高め、気持ちを1つにして一丸となるための会です。

そのため、開催に当たってはいくつかのルールがあります。

たとえば、経営計画書には「懇親会トークマニュアル」を掲載しているのですが、これは言ってみれば、懇親会の会話のネタ帳。参加者は、ここに挙げられているネタのどれかを必ず話すのがルールであり、また、まわりの人たちはその話をきちんと聞き、質疑応答することになっています。

【懇親会トークマニュアルでのネタ一覧】

仕事、職場、会社の歴史、プライベートの近況報告、最近気になること、先生、家族、友人、アルバイト、趣味、特技、就職活動、クラブ活動、試合、先輩、高校、大学、専門学校、彼氏と彼女、酒の失敗、最近楽しかったこと・つらいこと

また、当然のことながら、「人の悪口」は言ってはいけません。さらに、次回以降のレベルアップのために、開催後には、「振り返り」を行い、その内容を1つ以上、

ホワイトボードに貼付する報告書に記載することになっています。

現在はコロナ禍のため、基本、全員オンラインで同じ料理をお取り寄せして、時間を決めて、リモートで開催しています。お取り寄せのアイデアは村上一校長の発案で、まだリアルほどの盛り上がりではありませんが、徐々に皆慣れてきました。

親父社員たちの活力を復活させた「親父の桃源郷」

●年代を考慮しないグループ分けが、若手とベテランの対立を生む

20代の若手社員が4割を占める組織に変身を遂げることができたことは、会社の長期的な展望においては大きなプラスです。ただ、若手社員の数が増えていくと、社内において年代の違いによるさまざまな「対立」が生じやすくなります。

そして、実際、当校でもそうした問題は起こりました。

第4章で述べた通り、新入社員の育成においては、ヤングライオンプロジェクトを早々に立ち上げ、「若い人が若い人を教える」仕組みにしたことで、年代による対立

の問題は回避することができました。

一方で、日常の業務においては、若い世代とベテラン世代との対立は至るところで起こっていました。

というのも、当校のインストラクター部（指導員のいる部）の各課は、基本的に同じ指導員・検定員資格を持つ人で構成されていて、それぞれの課には20代の社員もいれば、40代、50代の社員もいるという状態だからです。

年代の違いによるジェネレーションギャップがあるのは自然なことです。育った時代が異なれば、情報や知識、考え方、価値観なども当然異なります。ただ、そうしたお互いの違いを理解する方向に行かず、否定する方向に行ってしまうと、両者の間でさまざま対立が生じてきます。


たとえば、こう言ってはなんですが、「情報処理」という点では、20代の若者と、40代以降の中高年とを比較すると、圧倒的に若い人の処理スピードが速くなります。

たとえば、中高年だったら処理に20、30分くらいかかることも、20代の若者だったら5分もあればOKということがしばしばあります。自動車のスピードにたとえれば、若い人はF1マシーンなのに対して、中高年は軽トラックといった感じです。

加齢とともに、脳の機能は確実に衰えていきますから、これは仕方のないことです。ただ、そうした違いを踏まえた上で、お互いがお互いを理解しようとしない状況下では、処理にモタモタしている中高年社員を、若手社員がバカにする、ということが起こりやすくなります。

一方の中高年は、昔ながらの上下関係の意識が残っていたりしますから、経験や役職などを武器に、「若くて経験も浅いんだから、俺たちの言う通りにしろ」と若手社員を自分たちに従わせようとします。人によっては、能力のある（その分、生意気な）若手社員に対して、自分の権限を使って潰しにかかろうとする場合もあります。

こんな状態が続けば、両者の関係はますますギクシャクするばかりです。当校で起こっていたのもまさにこの状態です。そのためインストラクター部のそれぞれの課において、なかなか1つにまとまらないという状態が起こっていたのです。

●「親父だけを集めたチームをつくれ」

この状況をなんとかしなければと、あるとき、武蔵野の小山さんに相談しました。

そのとき、言われたのが、「そんな年齢も能力もバラバラな人間を集めるなんてやり方をしていたら、おまえのところ、いずれ全員がやめるぞ」でした。

そしてアドバイスされたのが、「まずは、親父だけ集めたチームをつくれ」。

そこでさっそく、40代後半から60代の指導員を10人くらい集めて、チームをつくることにしました。さらに、チーム名もあったほうがいいと思い、「親父だけのチーム」ということで、**「親父の桃源郷」**と命名することにしました。

メンバーは、丹羽清課長、堀田智宏課長、契里照幸課長、中野哲也課長、木目雅晴課長、田頭正雄主任、萩原博之主任、向井功一主任、田端博幸インストラクター、南野博インストラクター、石田浩二インストラクター、京田哲也インストラクターの面々です。課長が多くいますが、小山さんからは「課長全員が部下なし、またはフラットであっても問題ない」というアドバイスも受けました。

　このように小山さんのアドバイスに従って結成した親父の桃源郷ですが、結成当初、あまりうまく機能していませんでした。

　環境整備点検でも、親父の桃源郷チームは面倒くさがってやらない。そのため、毎回、散々な点数でした。私が「もっとしっかり取り組んでください」とたびたび苦言を呈しても、聞く耳を持ってくれません。また、役職者ばかりだったので、プライドも高くなかなか動いてくれなかった。

　振り返ってみれば、その当時の私は、「組織の若返り」をすべく、若い人の育成にばかり意識が行っていました。社長のこうした姿勢は、中高年のベテラン社員の間に「自分たちは冷遇されている」という不満を生じさせてしまうリスクがあります。

　親父の桃源郷のメンバーたちも、この頃、まさにそうした気持ちだったのではないでしょうか。そうなれば、環境整備に対しても、「どうせ、俺らがやったところで、評価されないやろう」という諦めの気持ちになります。それが環境整備へのやる気のなさにつながっていたのだと思います。

とはいえ、その頃の私は、彼らのそうした感情にまで思い至れず、もっと表面的に「どうすれば彼らの点数が上がるのだろう」と考えていました。そこで、武蔵野さんの当時の担当の本多研課長や野口鮎子課長に何度も相談したところ、頂戴したアドバイスは先述のように「点検するエリアをグッと狭めるといいと思います」でした。

すると、このやり方は親父の桃源郷のメンバーにはフィットして、毎回の環境整備点検の点数がアップ。

こうした達成感が親父の桃源郷のやる気に火をつけて、その後、メンバーはますます環境整備に積極的になっていきました。気がつくと、毎回、高得点をマークし、社内でも次第に「親父の桃源郷、すごいね」と注目されるようになっていきます。それまでは、どちらかというと、若い社員などから煙たがられる存在だったのが、ここにきて評価がほぼ180度変わったわけです。

●銀行の方々まで元気にする親父の桃源郷のエネルギー

こうなると親父の桃源郷の本領発揮で、彼らの元気はますます加速。これまでの諦めモードから一転して、今では「俺たちは親父の星や！　まだまだ若い子らには負けへん」と豪語するくらいにまでなったのです。

しかも、それが豪語するだけで終わらないのが、親父の桃源郷のすごいところで、若い世代に負けない実績を次々と出していきます。

たとえば、2018年（58期）には、毎年、激しい（？）デッドヒートを展開する教習サポート部を抜いて環境整備年間優勝を果たし、社長賞をゲットしています。また、どの世代よりも自分の健康管理に熱心で、インフルエンザで若い社員たちが次々とダウンしても、彼らだけはピンピンしていました。

さらに私が、彼らに対して毎回すごいなと感じ入るのが、どんな大変なことを頼ん

ベテラン社員が輝く親父の桃源郷

でも「しゃあないな」とか言いながらも引き受けてくれて、さらにしっかりやり遂げてくれることです。

たとえば、経営計画発表会の第2部のパーティーの出し物で「ダンス」を入れるのですが「何か、いいアイデア、ある？」と教習サポート部のスタッフに聞いたら、「桃源郷の皆さんに踊ってもらったらどうですか？」との提案。「それも面白いな」と思いつつ、「でも、引き受けてくれるかなぁ」とダメもとで思い切って頼んでみたところ、なんと、「いいですよ」との返事。それも2回も!!

そこから、時間を見つけての特訓を繰り返したようで、本番では、見事な「ヤングマン」を披露。ご招待した銀行の方々からも大絶賛でした。

これには後日談があり、経営計画発表会の翌日、ご出席いただいた銀行の方々にお礼のご挨拶に伺ったときのことです。「昨日は、桃源郷の皆さんに元気をいただきました」と、訪問したすべての銀行の担当者の方々からおっしゃっていただいたのです。

どの銀行のご担当者もだいたい50代前後です（つまり、親父の桃源郷のメンバーたちと同世代)。同世代が若々しいダンスを披露しているのを見て、「自分だってまだまだいける。頑張らなあかん」という思いが強くなったそうです。

こうした話を聞き、「桃源郷の親父さんたちは、自分たちが元気になるだけでなく、まわりも元気にするエネルギーを持っているのか」と、改めて親父の桃源郷のすごさを感じました。

こうした影響力は、社内においても同じで、今では、「オレもあそこに入りたい」と言っている30代社員もいるくらいです。それくらい、まわりに刺激を与える存在になっているのです。

親父の桃源郷の当事者の声も紹介しましょう。親父の桃源郷のリーダーである、勤続27年の堀田智宏です(平成5年入社)。

「当時、すでに私は役職に就いていたこともあり、親父の桃源郷の面倒を見る立場になったわけですが、正直、やりにくいとは思いましたね。なぜなら、メンバーの中で私が一番年下で、年上の、私よりも社歴の長い方々を引っ張っていかなければいけなくなったわけですからね。中には、60代の大先輩社員もいますし。

ただ、そうしたやりにくさを感じたのは最初のうちだけで、お互いにどんどんと打ち解けていって、今は全員が友達感覚に近い関係になっていますね。ものすごく一体感もありますし。

こうした親父だけのチームのメリットとして感じることの1つは、ジェネレーションギャップによるストレスがない、ということです。若い人たちもいるチームだと、『若い子らに合わしていかなあかんな』みたいな感情が働き、いろいろ気を使いますが、親父の集団だとそれがほとんどありません。古いネタを言っても全然OKで、本当に気楽にコミュニケーションが取れます。

あと、『若い人たちを指導しなければいけない』というプレッシャーから解放されるのもメリットとして挙げられますよね。

また、親父同士だと、わからないことがあっても、気軽に『これって何？』と聞き合えます。この年になっても、まだまだ仕事でわからないことはありますからね。でも、自分が若い子たちには聞きづらい。『ベテランなのに、こんなことも知らないんだ』

とか思われるのは嫌だな、という気持ちが先に立ってしまいます。ましてや自分が若い子たちを率いるチームのリーダーとかの立場だったらなおさらです。

一方、親父同士だとなんの抵抗もなく聞き合えるし、メンバーの誰かが困ったことがあったら『どうした？』と気軽に協力し合えます。

その意味で、親父だけでチームを組むことで、仕事も進めやすいし、効率も上がったのではないかと思います」

●「親父だけのチーム」をつくることで、若手とベテランの対立解消に

親父の桃源郷というチームを通じて、親父世代が元気になってくれたメリットはそれだけではありません。

それは、**彼らが「自分たちを輝かせたい」ということにエネルギーを注いでくれるようになったことで、若い人たちに対して「無関心」になってくれた**ことです。

以前は、会社が若手育成にばかり力を注げば、ベテランからは「若い子らばっかり」

という不満が出やすくなっていました。ところが、ベテランたちが「俺らは俺らで輝こう」という姿勢になってくれたことで、そうした不満が出なくなったのです。

そのため、会社としては、ベテランに気兼ねすることなく、若手の育成に注力できるようになりました。


今、日本の多くの組織において、「若い人材をどう確保していくか」とともに、「中高年の社員をどう奮い立たせるか」という課題を抱えているところも少なくないと思います。

当校の場合、私が意図したわけではなく、図らずも、親父世代が元気を取り戻し、それが若手育成をしやすい環境につながっていったわけですが、そのプロセスを振り返ってみると、武蔵野の小山さんがよくおっしゃるように、「同じような年齢と能力を持った人を集めて、チームをつくる」ことがカギになるのかなと思っています。

それが価値観の衝突による摩擦を避け、チームのコミュニケーションをよくし、それぞれが前向きに働ける環境を整えていけるのではないでしょうか。

コロナの休業期間に、オンライン化が加速度的に進む

●チャットワークを使っての、位置情報確認からスタート

2020年冬以降の新型コロナウイルスの感染拡大によって、現在、世界中で急速に、オンライン化が進んでいます。

これまでアナログで行っていた業務について、どこまでオンライン化することができるかを、現在、多くの企業が探っている途中だと思います。

かくいう当校でも、このコロナ禍で、一気にオンライン化が進みました。

といっても、この流れは最初から意図したものではありません。いろいろ試してい

くうちに、だんだんとオンラインでできることが増えていった、という感じです。

第2章ですでに述べましたが、2020年4月に政府によって緊急事態宣言が出されたのを受けて、当校では4月10日からほぼ1カ月間、休校することを決断しました。

その期間、社員たちには、感染拡大防止の一助となるべく、「自宅待機」を当面の「仕事」としてもらうことにしました。

実際、自動車学校の仕事の大半は、お客様に運転技術を教えることです。休校となってお客様が来校しなくなれば、おのずと日々の仕事量は激減します。仕事もないのに、わざわざ感染リスクを冒して出社してもらうのは、あまりに無意味です。「社員の健康を守る」のも経営者の仕事ですから、それにも反しています。そこで、「自宅待機」の形にし、資格試験の勉強をするのでもよし、休校明け後を見据えての準備をするのもよしと、この期間をどう過ごすかは、ある程度、社員に任せることにしました。

ただ、そうは言っても、この期間も基本給は100%支払っています。そのため、高石自動車スクールの社員として、毎日、規則正しい生活を送ってもらう必要はあります。また、会社としても、この間の社員の状況を把握しておく必要があります。

そこで、1日1回（その後は、朝・昼・夕方の1日3回に）、**「チャットワーク」**を使って、自宅に在宅であることを示す位置情報を、社長の私宛に送るように指示をしました。チャットワークとは、チャットワーク株式会社が提供するビジネス用のチャットツールです。当校では、もともとホウレンソウのほとんどがメールでしたが、現在はこのツールをメインに使っています。

ただ、それを続けているうちに、チャットワークにはさまざまな機能があるのに、位置情報の確認だけに使うのはもったいないと思うようになりました。

たとえば、チャットワークの中には、「チャットワーク・ライブ」という音声やビデオでの通話ができる機能があります。これを使えば、いわゆる「オンライン会議」を行うことができます。

そこで、「ものは試しだ」と思い、チャットワーク・ライブを使って、各課で朝（9時）と夕方（17時）に朝礼&夕礼を行ってもらうことにしたのです。それによって、オンラインではありますが、それぞれが自宅に居ながらにして、顔を合わせ、かつコミュニケーションを取れるようになりました。

親父の桃源郷などは、慣れないオンラインに、最初は手間取ることもあったようですが、繰り返し使っているうちにどんどん慣れていっている様子でした。

●「環境整備実行計画」の下書きづくりをオンラインで

こうしたチャットワーク・ライブを介した社員同士のやりとりを見ているうちに、私の中にさらなる欲が出てきました。「オンラインだけのやりとりで、何か1つのものをつくり上げることはできないか」と思うようになったのです。

そこで、社員たちに指示したのが、**「環境整備実行計画作成の下書きを、チャットワーク・ライブでのコミュニケーションでつくり上げてほしい」**ということでした。

チャットワークで環境整備実行計画を作成

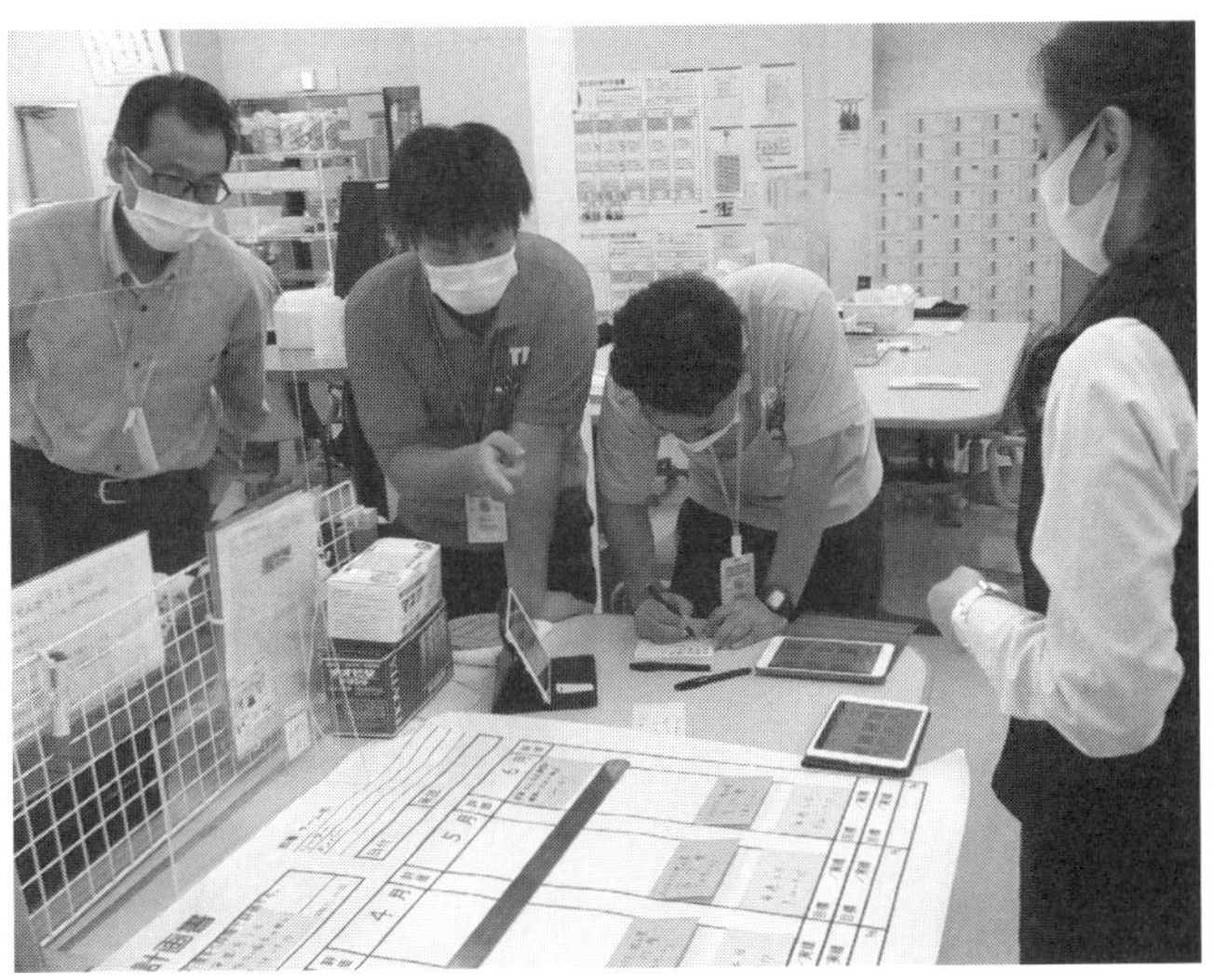

環境整備実行計画の作成は、毎年6月の高石アカデミーで対面で約3時間をかけて行っていることです。ただ、新型コロナウイルスの影響で2020年6月は、開催できるか否かが怪しくなっていました。そこで、中止になったときに備えて、この休校期間中に、その下書きを作成してもらうことにしたのです（結局、2020年6月の高石アカデミーは中止になりました）。

さっそくすべての課で、チャットワーク・ライブでやりとりしながらの環境整備実行計画作成の下書きづくりがスタートしました。

私もときどき、各課のオンライン・ミーティングに参加させてもらっていたのですが、どの課でもオンラインでのやりとりは順調に進んでいる様子でした。

下書き作成の流れですが、高石アカデミーで行うのと同じように、ある程度、まとまったらチャットワークで共有してもらいます。それを私がチェックし、必要に応じて「ここをもう少し考え直してもらえませんか」と修正を依頼。メンバーは、その部分を練り直し、チャットワークで共有しているので他の班のアイデアをパクりながら再度、私に提出。こうしたやりとりを、私から「OKです」と花丸がもらえるまで続けてもらいました。その結果、どの課もリアルでは一度も顔を合わせずに、オンラインだけで「環境整備実行計画」の下書きを完成させ、最終的には、清書まですべてオンラインで実行することができました。

ちなみに、最初のチャットワークでの位置情報の確認から、オンラインでの環境整備実行計画の下書き完成に至るのにかかった日数は半月です。つまり2週間で、社員全員がオンラインでの業務において、ここまで進化を遂げることができたのです。これはすごいことだと思います。

●オンラインでのコーチング研修にも挑戦

環境整備実行計画の下書きづくりを終えた後も、自宅待機はまだ続いていました。そこで、新たな課題に取り組んでもらうことにしました。

それは、オンラインでのコーチング研修。

これも、6月の高石アカデミーで実施する予定のものでした。ところが、この時点で中止が決定。そこで、せっかくなので、オンラインでコーチング研修をすることにしたのです。

ただ、傾聴だったり、質問だったりといったコーチングの専門的な技法については、専門の講師がいないとやはり実施できません。そこで、こちらから次の「お題」を出し、課ごとで各メンバーそれぞれの体験を語り、それについてディスカッションする、という方法を採ることにしました。


【お題】


「今まで指導をしていて、すごくうまくいったこと。むちゃくちゃお客様が喜んでくれたこと」

「忘れられないぐらいに失敗したこと。クレームを受けたこと」

チャットワークを使ってコーチング研修も行う

私も、それぞれの課でのディスカッションにオンラインで参加させてもらったのですが、どの課もかなり活発に意見交換をしていました。お互いに包み隠さず経験を語ることで、相手への理解をさらに深めていくよい機会になったのではないかと、私自身、感じています。

この研修で得た効果はそれだけではありません。

オンラインという方法もさることながら、「うまくいったこと」や「失敗したこと」を社員同士がお互いの経験を語り合うことについての価値も非常に強く感じました。

実際、当校では、普段のコミュニケーションでは、社員同士がお互いの失敗や成功を共有する機会はほとんどありません。このことは、日々の業務で遭遇するさまざまなシチュエーションに対して、自分の経験や知識の範囲内でしか対応できない、ということでもあります。

その範囲を広げる手段として、他者の成功や失敗の体験を知ることは、非常に有用だと思います。こうした題目での研修はまさにその機会となるわけです。

実際、後日、この研修での「気づき」について書き出しもらったところ、私自身「なるほど」と思わされる意見がたくさん出ていました。今後の自分の教習に役立つ話がたくさん聞けたと感じてくれた社員が多かったようです。

また、こうした研修を繰り返していくことは、社内で共有する失敗例や成功例の情報を蓄積していくことにつながります。そうした情報は会社にとって1つの財産となりうると感じています。

その意味で、「お互いが失敗や成功を包み隠さず語り合う」という研修は、今回1回限りにせず、オンラインで行うかどうかは別として、継続的に行っていきたいと考えています。

オンライン化・デジタル化をどう進めるか

●「オフラインでしかできない」の思い込みを捨てる

大阪での新型コロナウイルスの感染者数が減ってきたのを受けて、当校は5月18日に営業を再開。それ以降は、徹底的な感染防止対策を取りながらも、コミュニケーションの多くは、休校前のオフラインでのやりとりに戻っています。

オンラインでのやりとりで作成した環境整備実行計画の下書きも、学校再開後、高石アカデミーで行っているのと同様に、模造紙に清書して、それぞれの課に発表してもらいました。

こんな具合に、今やすっかり日々の業務はオンラインからオフラインに戻っています。ただ、だからといって、「もはやオンラインは必要なくなった」というわけではありません。業務のオンライン化は、時代の要請としてこれからますます求められていくだろうし、当校としても、オンライン化は今後とも進めていく予定でいます。
その意味で、休校期間中のチャットワークでのやりとりは、まさに「オンライン化の練習」の機会になったわけです。また、さまざまな業務のオンライン化を考えていくよいきっかけになったと思っています。

正直なところ、環境整備実行計画の作成も、コーチングの研修も、オンラインでできると思っていませんでした。ところが、実際に挑戦してみると、なんとかできた。私も、たびたび社員たちのチャットワーク・ライブに参加させてもらいましたが、オンラインでも、社員たちは非常に活発に意見のやりとりをしていました。これを見ながら、「会議は、実際に会ってするものだ」というのが思い込みにすぎなかったのだと改めて感じました。

こうした経験から、現在、従来の思い込みに縛られず、オンライン化が可能な業務をいろいろ洗い出しているところです。

たとえば、教習サポート部の業務で、オンライン化できるものは何か、教習はどの程度までオンライン化できるか、受付業務のオンライン化ができないかなど、いろいろと検討しています。

●デジタル化で、さらなる効率化が実現できる

さらに、オンライン化と並行して、デジタル化も急務です。

実際、自動車教習所というのは、いまだに紙ベースで処理されることが非常に多く、デジタル化があまり進んでいないのが現状です。たとえば、入学手続きに必要な書類は、いまだにすべて「紙」ベースです。さらに、それを受け付けるのも、直接窓口でやりとりをする「対面」が基本です。

　一方で、新型コロナウイルスの感染拡大により、人との接触を避けることが重視されるようになり、対面での受付についても、相当な配慮が必要となっています。そうした流れの中で、当然、入学手続き関連の書類のデジタル化や、受付業務のオンライン化、もしくはＡＩ（人工知能）の活用といったことも検討せざるを得ない状況になっています。

　もちろん、新型コロナウイルスが終息していけば、「人との接触を避ける」という傾向は減っていくとは思います。ただ、そうした中にあっても、デジタル化した手続き書類や、オンライン、ＡＩによる受付を希望するお客様は、一定数、残ると思います。また、それが「デフォルト」のサービスとなり、アナログでの対応を希望するお客様のほうが「少数派」となる、という未来を予想しています。

　そうした意味で、新型コロナウイルスによるオンライン化やデジタル化の動きを一過性のものとするのではなく、自分たちのサービスの中に「当たり前」のものとして取り入れていく必要があります。

当校でも、他の自動車教習所と同じく、まだまだ紙ベースで行っている仕事がかなりあります。「プレミアム・ハイスピード」の導入を機に、効率的な教習の必要性から、教習サポート部の事務作業にしろ、インストラクター部の教習にしろ、ＩＴ（情報技術）を活用してさまざまに効率化を図ってきました。その一方で、昔からの手書きの名残りのせいか、情報をコンピュータに入力したにもかかわらず、手書きもするといった、非常に無駄なことが行われていたりします。

こうした無駄な作業の洗い出しは急務で、デジタル技術を十分に活用できる組織に成長していく必要があります。

今回のコロナ禍をきっかけに、当校もオンライン化、デジタル化に大きく舵を切ろうとしています。そうした流れの中で、**デジタルな部分とアナログな部分とを適切に組み合わせていきながら、よりお客様にとって使い勝手のいいサービスを提供し、かつ社員たちにとって働きやすい環境を整えていく**。それが今後の課題だと考えています。

■コラム5　懇親会ルール

第5章で述べた通り、当社では社内ルールとしてさまざまな懇親会があります。たとえば、各課、もしくは各班で行う「グループ懇親会」、社長の私との食事会である「社長食べ歩き会」、同じ役職の幹部がサシで飲む「サシ飲み会」などです。

懇親会は単なる社内飲み会ではありません。高石自動車スクールの仲間で同じ場所と時間を共有することで、仲間として信頼と信用を深める、という明確な目的があります。そこで、懇親会が「社内飲み会」にならないために、経営計画書ではいくつかのルールを規定しています。

その中でとくに私が重要視しているのが「時間」です。お酒が入るとだんだん気分もよくなって、気がつくと2軒目、3軒目とハシゴをし、午前様の帰宅……なんてことも起こり得ます。こうなると、単にダラダラと過ごしているだけで、「仲間として信頼と信用を深める」という懇親会の目的とズレていきます。そして、なによりも深夜遅くまで飲んでいて体にいいわけがありません。

なので、懇親会の時間は「1時間半～2時間」までで、「遅くとも23時まで」には終了することをルール化しています。

第1章のコラムで述べたように、当社では社員教育の1つとして、「夜は12時までに寝るように指導する」というルールがあります。23時までに終了すれば、たいていの社員はこのルールも守ることができます。

ちなみに、新型コロナの影響で、「オンライン」での懇親会を時々行うようになりましたが、この場合も「1時間~1時間半」としています。リアルでの懇親会よりも時間が短いのは、画面を見ながらの場合、これくらいの時間がせいぜいだなと感じたからです。

その他の懇親会のルールとして、「人の名前は『さん』づけで呼ぶ」というのもあります。つまり、名前を呼ぶときには「課長」や「部長」といった役職名をつけない、というルールです。

なぜこうしたルールがあるのかというと、「上司・部下」や「先輩・後輩」といった上下関係の垣根をできるだけ外し、フレンドリーな組織にしていきたい、という思いがあるからです。

勤続年数の長い社員の場合、役職で呼ぶことに慣れてしまっていて、ついポロっと相手を役職名で呼んでしまうことがあるようですが、若手社員の間では、入社したときからこのルールがあるせいか、「さん」づけ呼びに抵抗がないようです。

おわりに

今、自動車教習所の業界は岐路に立っています。

少子化や若者の免許・車離れの影響を受け、1990年をピークに、自動車教習所のお客様数も売上も減少の一途をたどっていることは、本書で繰り返し述べてきた通りです。

一方、自動車教習所の数については、これまでさほど減っていませんでした。この30年でお客様数は40％強の減少なのに対して、自動車教習所の数は15％くらいの減少にとどまっています。

こうした自動車教習所の潰れにくさの背景として、自動車教習所がお客様からの教習料金を前金でいただけることや、土地を持っていることなどが挙げられるでしょう。

しかし、もはやそんな状態に胡坐をかいてはいられなくなりつつあります。今後2～3年の間に、自動車教習所の淘汰が進んでいくのではないかと私は予測しています。その大きな要因となるのが、「働き方改革」への要請がますます強まっていく可能性があるからです。

自動車教習所というのは繁忙期と閑散期の差が激しく、1年分の収入のほとんどを、繁忙期の3カ月（2～3月と8月）で稼いでいると言っていいでしょう。そのため、この3カ月間の社員たちの労働時間は半端ではありません。毎日12時間以上働き、かつ2カ月近く休みなしなんて社員は、結構いたりします。

ところが、働き方改革の要請が強まれば、こうした残業や休日出勤に頼った働き方も見直さざるを得なくなるでしょう。つまり、稼ぎ時に社員たちにマックスで働いてもらうことが難しくなるのです。

「ならば、人を増やそう」と採用に力を入れたところで、自動車教習所の業界に積極的に入ってきてくれる人材なんてほとんどいません。そのため、人を増やすことも難しい。

また、経営者が価格ばかりに目を向けている自動車学校もますます難しくなると思います。

一方、地方には、地元での人口減少を受けて、他県からお客様を呼び込むべく、合宿免許を実施している自動車教習所が少なくありません。

これらの学校では、お客様に短期で免許を取得させるべく、朝から晩までみっちり教習を行っていますが、こういったやり方も働き方改革や新型コロナウイルスのような感染症の蔓延によって難しくなります。

そうなれば、経営を維持するために、合宿免許以外の方法も模索する必要が出てくるでしょう。

このような課題の多い時代に生き残るためには、どうすればいいのか。

それには、**学校として強力な「売り」を持つこと**が必要だと私は考えています。

お客様に、「多少、他の学校より値段が高いけれど、私はこの教習所に通いたい」と思ってもらえる「売り」です。

そうすることで、薄利多売で社員たちに過剰な労働時間を強いることなく、きちんと売上を立てていくことが可能になります。働き方改革の要請にきちと応えながら、経営を維持していくことができます。

当校は、そうした強力な「売り」をつくるために、「プレミアム・ハイスピード」を導入しました。そして、「プレミアム・ハイスピード」を、他の自動車教習所を凌駕しうるほどの強力な商品にすべく、会社のさまざまなカイゼンに取り組んできました。

その際の柱となったのが、武蔵野さんで学んだ「経営計画書」と「環境整備」です。これらによって組織力や社員力を強化していきました。そして何と言っても「社員教育」にお金と時間をかけたこと。

その結果、他校との安売り競争から脱することができ、「残業時間の減少」など、ある程度、社員たちにとって「働きやすい環境」が整ってきているのではないかと思います。

こうした当校の成長を見て、最近は他校の方々から、「そのノウハウを教えてほしい」

という依頼もいただく機会が増えてきました。

そこで今度は、自社において、より「働きやすい環境」づくりに一層取り組むだけなく、他校が成長するお手伝いもしていきたいと、私自身、考えているところです。

イメージしているのは、当校がこれまで取り組んできた自動車教習所版の「経営計画書」や「環境整備」「若手の人材育成」などのノウハウを、それぞれの自動車教習所に合う形にアレンジして伝授する、という内容です。

言ってみれば、武蔵野さんをパクっての、**自動車教習所版の「経営サポート事業部」**を立ち上げよう、というわけです。

ですから、ここで紹介した当校のノウハウに「興味あり」という自動車教習所の方がいらしたら、ぜひお声かけください。本文では書ききれなかったさまざまなノウハウを共有し、一緒に勉強したいと思っています。出し惜しみなく、伝授させていただきます（申し訳ないですが、大阪の近くのライバル校はダメです）。

自動車教習所は、いまや「斜陽業種」として語られています。しかし、当校が10年間で45％の売上アップを実現できたように、やり方次第では成長できる可能性も十分にあります。

しかも、２０２０年の新型コロナウイルスの感染拡大で、公共交通機関を避ける人が多くなり、マイカー回帰の傾向が少しずつ出ているという話も聞きます。そうした傾向が「コロナ後」も続けば、自動車教習所には追い風になります（実際、ある自動車教習所では、コロナの感染が広がる中、二輪車の入校者が増えているそうです）。

私は、自動車教習所の未来は決して暗くないと考えています。

そして、**明るい未来を実現していくために、今後も、時代に合わせてどんどんカイゼンを進めていく**つもりです。

ここまでお読みくださり、ありがとうございます。

この本は、高石自動車スクールの創立60周年を機に、作成されました。

武蔵野の小山昇社長はじめ、矢島茂人専務、滝石洋子常務、あさ出版の田賀井弘毅常務、ビーアップルの林英樹代表、公私ともにいつも大変お世話になっている八戸ノ里ドライビングスクールの谷岡樹社長、八尾自動車教習所の時野学社長、プリンセス有馬の川合南都子社長・川合洋明相談役、高石自動車スクールにこれまで勤めてくれた、現在勤めてくれている社員の皆様、卒業生、在校生のお客様に、心より御礼申し上げます。

今回、いろいろなご縁に導かれて、この本を出版することができました。共に100周年を、そして、悲惨な交通事故がゼロになる社会を目指して進んでいきたいと思います。

藤井興発株式会社　高石自動車スクール
代表取締役社長　藤井康弘

著者紹介

藤井康弘（ふじい・やすひろ）

藤井興発株式会社 高石自動車スクール 代表取締役社長
1970年、大阪市出身。成城大学卒業後、祖父が創業した藤井興発株式会社高石自動車スクール入社。2002年より現職。

高石自動車スクールは、2010年、オートマ車最短15日、マニュアル車最短18日と、合宿並みのスピードで免許が取得できる「プレミアム・ハイスピード」を開発して、大きく入校者を伸ばす。また、20代の社員が4割を占める人材戦略も話題に。

FM大阪が主催するSDDプロジェクト（飲酒運転撲滅プロジェクト）パートナー。

Bリーグ「大阪エヴェッサ」オフィシャルパートナー。

本書は、業界内外から大きな注目を集める同校の「人が集まる」カイゼンを初めて書籍化したものである。

●高石自動車スクール
〒592-0014 大阪府高石市綾園7丁目5番47号
https://www.takaishi-driving.com/

●連絡先
winfujii@takaishi-driving.com

人が集まる自動車学校のすごいカイゼン
20代社員4割！売上続伸！

〈検印省略〉

2020年 11 月 11 日 第 1 刷発行

著　者――藤井 康弘（ふじい・やすひろ）
発行者――佐藤 和夫

発行所――株式会社あさ出版
〒171-0022 東京都豊島区南池袋2-9-9 第一池袋ホワイトビル 6F
電　話 03 (3983) 3225（販売）
　　　 03 (3983) 3227（編集）
F A X 03 (3983) 3226
U R L http://www.asa21.com/
E-mail info@asa21.com
振　替 00160-1-720619

印刷・製本 文唱堂印刷株式会社

facebook http://www.facebook.com/asapublishing
twitter http://twitter.com/asapublishing

ISBN978-4-86667-247-2 C2034